绿色建造
技术概论

北京绿色建筑产业联盟　组织编写

刘占省　王京京　陆泽荣　　主编

中国建筑工业出版社

图书在版编目（CIP）数据

绿色建造技术概论 / 北京绿色建筑产业联盟组织编写 ; 刘占省, 王京京, 陆泽荣主编. —北京 : 中国建筑工业出版社, 2022.9
ISBN 978-7-112-27885-5

Ⅰ.①绿…　Ⅱ.①北…　②刘…　③王…　④陆…　Ⅲ.①生态建筑—研究—中国　Ⅳ.①TU-023

中国版本图书馆 CIP 数据核字（2022）第 167907 号

本书根据我国最新规范、标准和方法，比较系统地介绍了绿色建造的相关理论，绿色建造的关键技术以及绿色建筑的评价标准。以全生命周期绿色建造为依托，详细地阐释了绿色策划与设计、绿色施工和绿色运维，技术层面上着重分析了装配式建造、信息化建造、地下空间开发、楼宇设备及系统智能化控制、绿色建材与绿色施工、新型结构开发利用、多功能高性能混凝土、现场废弃物减排、清洁能源开发利用、绿色节能、人力资源保护及高效利用、智慧工地、环境保护等。

本书具有突出的针对性、应用性和先进性，可作为房屋建筑、市政工程部门绿色建筑设计与施工技术人员的技术工具书，还可以作为高等学校市政工程、土木工程、园林工程及相关专业师生的参考资料。

责任编辑：毕凤鸣　封　毅
责任校对：赵　菲

绿色建造技术概论
北京绿色建筑产业联盟　组织编写
刘占省　王京京　陆泽荣　主编

*

中国建筑工业出版社出版、发行（北京海淀三里河路9号）
各地新华书店、建筑书店经销
华之逸品书装设计制版
北京同文印刷有限责任公司印刷

*

开本：787毫米×1092毫米　1/16　印张：12　字数：225千字
2022年9月第一版　　2022年9月第一次印刷
定价：**35.00**元
ISBN 978-7-112-27885-5
（39798）

丛书编审委员会

编审委员会主任：陆泽荣

编审委员会副主任：刘占省　王京京　及炜煜　应小军

编审委员会成员：（排名不分先后）

线登洲	费　恺	杨晓毅	郑开峰	隗　刚	徐　志
董佳节	秦树东	张　磊	陈　凯	温少鹏	夏正茂
王世征	赵丽娅	杜　磊	线劲松	路永彬	张建江
王国建	罗维成	曾　涛	梁德栋	杨震卿	王慧杰
潘天华	朱昊梁	胡妍燕	洪　平	肖玉宝	刘文英
王闫佳兴	张丽丽	周茂坛	胡　焕	黄初涛	朱镜全
杨春晓	陈逢春	马清军	姜德义	陆林枫	刘嘉淇
李　淼	黄思阳	苏　乾	丁立国	赵士国	陈玉霞
孙　洋	张现林	郄　龙	周宇辰	计凌峰	张中华
王晓琴	赵晓霞	谷洪雁	王光敏	王艳梅	张超逸

《绿色建造技术概论》编审人员名单

主　　编：刘占省　北京工业大学

王京京　北京工业大学

陆泽荣　北京绿色建筑产业联盟

副 主 编：应小军　中电建建筑集团有限公司

及炜煜　北京工业大学

杨震卿　北京建工集团有限公司

曾　涛　中建科技集团有限公司

朱昊梁　华南理工大学

编写人员：(排名不分先后)

赵玉红　卫佳佳　柳文祥　刘瑞瑞　潘　珂　北京工业大学

线登洲　赵丽娅　杜　磊　线劲松　河北建工集团有限责任公司

张建江　罗维成　中电建建筑集团有限公司

费　恺　董佳节　北京城建亚泰建设集团有限公司

隗　刚　北京道亨软件股份有限公司

温少鹏　夏正茂　王世征　中电建 (西安) 轨道交通建设有限公司

张现林　河北建设人才与教育协会

陈　凯　陕西省建筑业协会

王军民　中铁隧道局集团有限公司

孟鑫桐　广联达科技股份有限公司

张丽丽　北京工业职业技术学院

张　磊　北京市第三建筑工程有限公司

王惠杰　北京市第五建筑工程集团有限公司

胡妍燕　景德镇市建筑设计院有限公司

洪　平　中国葛洲坝集团路桥工程有限公司

周茂坛　轻创（广东）咨询服务有限公司

胡　焕　中新城镇化（北京）科技有限责任公司

黄初涛　朱镜全　杨春晓　云南天启建设工程咨询有限公司

马清军　姜德义　北京金正恒大建设工程有限公司

刘文英　北京季昌元盛生态园林有限公司

　　人类正面临严峻的可持续发展挑战！2021年联合国环境署（UNEP）发表的报告《与自然和谐相处（Making peace with nature）》指出：当前全球正面临气候变化、环境污染和生物多样性丧失三重危机（Triple crisis）。这三重人与自然关系的危机，对人类的生存与发展构成非常大的威胁。而其中，气候变化危机更为显著，更需要人类全力应对！

　　为了应对气候变化带来的极端高温和寒潮、降雨、干旱、山火等我们越来越深切感受到的气候灾害，全球各国需要齐心协力，在21世纪中叶将温室气体排放消减到净零水平，能够实现2015年12月12日在第21届联合国气候变化大会（COP21）上达成的《巴黎协定》提出的控制全球温度升高目标：较前工业化时期上升幅度控制在2摄氏度以内，并努力将温度上升幅度限制在1.5摄氏度以内。中国政府在2020年承诺：在2030年碳排放达到峰值，在2060年实现碳中和（3060目标），就是为了与国际社会一起应对气候危机。

　　建筑业对于应对气候变化，实现碳中和非常重要。整体来讲，全球建筑业的碳排放占全球总排放的38%左右，二氧化碳排放总量约100亿吨。未来，随着全球城市化进程的深化和人们生活水平的提高，建筑业的碳排放还有增加的趋势。中国拥有全球最大的建筑市场，总建筑面积世界第一，占全球2400多亿平方米的既有建筑中的比例在1/4到1/3。而且中国新建建筑量非常大，占全球每年新建建筑面积的2/3左右（按近几年中国数据）。因此，中国建筑业的节能降碳，不但对中国实现碳中和的目标非常重要，对世界达到温室气体净零排放也非常关键。

　　此外，特别重要的是要看到建筑业这个传统的产业，虽然对人们的生产和生活起到不可缺少的支撑作用，但其发展过程消耗了大量的资源。建筑业应用最广泛的建筑材料——混凝土是除人们生活离不开的水外，人类消耗最大的材料。而其在建造和使用过程中，使用的能源和排放的温室气体量也非常大。建筑业这种"大量建设、大量消耗、大量排放"、不可持续的的发展方式，特别需要在实现碳中和的过程中，向绿色低碳可续发展方向转型。

建筑业要转型，就需要在建筑材料生产和运输、建筑的施工建造、房屋的使用和拆除整个生命周期减少资源、能源消耗，降低环境污染物和温室气体的排放。秉承这样的理念设计、能够实现"节能、节地、节水、节材和环境保护"目标的是绿色建筑。过去的近二十年，绿色建筑在中国发展很快。21世纪初，其理念刚刚在行业内提出，2020年底全国城镇新建绿色建筑占当年新建建筑面积比例达到77%，累计建成绿色建筑面积超过66亿平方米。2022年，住房和城乡建设部颁布的《"十四五"建筑节能与绿色建筑发展规划》提出：到2025年，城镇新建建筑全面建成绿色建筑，可以看到绿色建造未来是建筑业发展的主流。而且，新一代的绿色建筑将会更加绿色和低碳，将使建筑能源利用效率提升，建筑用能结构优化，建筑能耗和碳排放会更低。

实现绿色建筑以及零碳建筑需要一系列的从绿色建材、绿色运输、绿色建造到绿色运行和维修、绿色拆除的技术支撑。按照国际能源署（IEA）发布的报告，当前的节能降碳技术还不足以支撑建筑业实现碳中和目标，需要大力发展各类新兴技术，尤其是与人工智能、大数据、物联网等信息化技术耦合的低碳、零碳甚至负碳的绿色建造技术。绿色建造技术发展需要人才，建筑业有大量具有绿色低碳环保意识，掌握当前绿色建造技术的人才，未来需要的绿色建造技术才能不断涌现。此外，把现有的建筑节能降碳技术用好，把当前较为成熟的各类绿色建造技术成功应用到绿色建筑和零碳建筑中也非常重要。中国建筑业未来要实现碳达峰和碳中和，一方面为未来进入建筑市场的青年建筑工作者提供了如"绿色建造师"这样新职业的广阔就业空间，另一方面也需要现在和未来建筑工程专业的大学生掌握绿色建筑以及零碳建筑的相关知识和技术。

培养绿色建造技术人才需要好的教材，尤其是通用性的绿色建造概论类的基础教材。由于绿色建造技术发展很快，过去出版的一些绿色建筑或绿色建造教材难以涵盖建筑行业和技术的最新发展，特别需要新的相关教材予以更新。另外，过去的绿色建造相关教材关注绿色建筑设计和评价较多，包含实现绿色建造全生命周期技术的较少，北京工业大学几位教师编写的这本

《绿色建造技术概论》恰恰弥补了这方面工作的欠缺。这本书从不但介绍了绿色建造与国家3060目标的关系，指出未来绿色建造工程师的行业需求及这种新职业的特点，还全面梳理了绿色建筑的全生命周期：从规划设计、施工建设到运用使用及拆除消纳各阶段的节能降碳技术，并与相关传统技术做了对比，让学生可以更好地学习绿色建造的行业背景和技术特点。新兴的信息化技术对实现建筑碳中和非常重要，而《绿色建造技术概论》几位作者在建筑信息模型（BIM）等信息化技术方面有着较为深厚的工作基础，这本书也非常注重BIM等信息化技术在绿色建造各阶段的应用，也使本书有了不同其他教材的明显特征。

相信《绿色建造技术概论》的出版，会对建筑业绿色低碳人才的培养起到较好的促进作用，也会对建筑业实现碳达峰和碳中和很有益处。

中国发展战略学研究会副理事长
中国城市科学研究会可持续土木工程专委会理事长　　王元丰
北京交通大学碳中和科技与战略研究中心主任

2022年国庆于北京

前　言

　　早在 20 世纪 60 年代，特别是 21 世纪，人们开始深刻反思人类社会在漫长的历史长河中，却在短短的工业化时期遗留下来严重的社会问题和人类生存问题。我国建筑市场蓬勃发展，建设速度前所未有。建筑业的持续快速发展，改善了城乡面貌和人民生活环境，吸纳了大量农村富余劳动力就业，为社会和谐发展做出了巨大贡献。同时，我们也应该清醒地看到，我国建筑业的生产方式仍然相对落后，资源利用效率不高，能源和物资消耗巨大，污染排放集中，建筑垃圾的再利用率很低。正是在这样的背景下，绿色建造的概念和意识应运而生，并逐步在中国开始推广。绿色建造不仅关注建筑与人的关系，同时关注资源消耗与资源使用效率的关系。其目标原则是建立人与自然之间和谐、安全、健康的共生关系，从而最大限度地减少对地球资源的消耗，优化资源的有效利用，提升人类生活需求的满足度和舒适度。我国幅员辽阔、人口众多、环境恶化、资源匮乏且分布不合理，自然、经济与社会条件差异性突出，绿色建造的发展具有特殊的科学地位和社会、经济、环境意义。然而，由于绿色建造技术发展不成熟，很多房地产商都将绿色建造作为一种宣传手段，实际上并没有达到绿色建造的要求，甚至与绿色建造毫不相关。

　　在经过了近二十年的发展之后，绿色建造重新焕发出无限的生机，绿色建造技术逐步被应用于建筑建造的各个阶段，绿色建造体系也逐渐完善。在 2020 年的联合国大会上，中国政府提出"2030 年碳达峰、2060 年碳中和"的双碳目标，客观上也促进了绿色建造的推广。绿色建造作为当今时代发展的潮流，在将来发展和应用前景广阔，为了将绿色建造进一步推广，我们通过《绿色建造技术概论》对与绿色建造相关的基础内容进行普及。

　　绿色建造技术是一门跨学科、跨行业、综合性和应用性很强的技术。本书围绕绿色建造技术展开，系统介绍绿色建造的背景和概念、绿色建造工程师的定义和职责、碳达峰碳中和的目标和政策、基于全寿命周期的全过程绿色建造以及最新的绿色建造技术，基本涵盖了目前绿色建造的主要技术领域。

希望广大的读者能够通过这本书了解到更多关于绿色建造方面的知识，增进对绿色建造的了解。诚挚地欢迎广大读者朋友通过书中的作者邮箱对本书相关内容提出建议，我们希望这本书在今后的版本中与时俱进并逐步完善，谢谢大家！

| 目　录 |

3 绿色建造和"双碳"的关系   039

4 绿色建造——规划设计阶段   069

7 绿色建造——拆除消纳阶段 147

1

绪 论

导读：本章主要介绍了绿色建造的由来、绿色建造的时代背景、绿色建造的概念、绿色建造的发展现状以及绿色建造存在的问题和绿色建造发展方向、技术重点。本章主要依照时间线，从绿色建造的起源和发展到绿色建造的现状、再到未来展望详细叙述了绿色建造发展历程，能够快速将读者引入绿色建造这个话题中去，为后面深入了解绿色建造行业做铺垫。

1.1 绿色建造的由来

习近平总书记在2019年新年贺词中指出，中国制造、中国创造、中国建造共同发力，继续改变着中国的面貌。建筑业是国民经济的支柱产业，为我国经济社会发展和民生改善作出了重要贡献。但同时，建筑业仍然存在资源消耗大、污染排放高、建造方式粗放等问题，与"创新、协调、绿色、开放、共享"的新发展理念要求还存在一定差距。在2020年联合国大会上，中国承诺力争在2030年前实现碳达峰，2060年前实现碳中和。建筑业面临的转型发展任务十分艰巨。

为推动建筑业转型升级和绿色发展，2019年，时任住房和城乡建设部部长王蒙徽主持编写了"致力于绿色发展的城乡建设"系列教材中的《绿色建造与转型发展》教材，系统地提出了绿色建造的概念、发展目标和实施路径。2020年，住房和城乡建设部印发《关于开展绿色建造试点工作的函》，在湖南省、广东省深圳市、江苏省常州市3个地区开展绿色建造试点，探索可复制推广的绿色建造技术体系、管理体系、实施体系以及量化考核评价体系，为全国其他地区推行绿色建造创造经验。

为贯彻党中央关于碳达峰碳中和的重大决策，落实《国务院办公厅关于促进建筑业持续健康发展的意见》（国办发〔2017〕19号）、《国务院办公厅转发住房和城乡建设部关于完善质量保障体系提升建筑工程品质指导意见的通知》（国办函〔2019〕92号）要求，推动建筑业高质量发展，进一步规范和指导绿色建造试点工作，2021年3月16日，住房和城乡建设部办公厅在深入调查研究的基础上，组织编制的《绿色建造技术导则（试行）》（以下简称《导则》）明确了绿色建造的总体要求、主要目标和技术措施，提出绿色建造全过程关键技术要点，引导绿色建造技术方向，同时该文件也是当前和今后一个时期指导绿色建造工作、推进建筑业转型升级和城乡建设绿色发展的重要文件。

《导则》分为总则、术语、基本规定、绿色策划、绿色设计、绿色施工和绿色交付共7章。其中，"绿色策划"章节明确策划阶段需要开展的工作内容，包括绿色化、工业化、信息化的实施路径和相关指标、明确各方职责等。"绿色设计"章节规定了推进建筑、结构、机电、装修集成设计，探索设计、生产、采购、施工协同设计，引导装配式建筑标准化设计等要求。"绿色施工"章节提出施工阶段的优化设计、资源节约、减少排放、智能技术应用等技术要求。"绿色交付"章节强调综合性能调适，明确绿色建造效果评估的主要内容和评估机制，提出数字化交付要求。

《导则》为开展绿色建造试点工作提供指导。《导则》用于指导湖南省、广东省深圳市、江苏省常州市试点地区开展试点工作，尽快打造绿色建造应用场景，形成系统解决方案，并及时总结阶段性经验。另一方面，《导则》为全国推行绿色建造提供依据。经过试点工作的验证和完善，《导则》可以对全国范围内推广绿色建造进行有效引导和规范，有利于解决建造活动资源消耗大、污染排放高、品质与效率低等问题，为我国进一步形成完善的绿色建造实施体系提供有力支撑。此外，《导则》为建筑业落实国家"碳达峰""碳中和"目标提供支撑。通过《导则》的引导，把绿色发展理念融入工程建造的全要素、全过程，全面提升建筑业绿色低碳发展水平，推动建筑业全面落实国家碳达峰碳中和重大决策，为建设美丽中国、共建美丽世界作出积极贡献。

1.2 绿色建造时代背景

绿色建造也是实现绿色建筑的必要手段，国外特别是发达国家对于绿色建造活动的重视和实践始于20世纪70年代。主要原因如下：

首先，大规模的建造活动为绿色建造转型提出了需求。随着经济的发展，对建筑的需求量日益增多，在建造的质量和数量上有了新的标准和目标，对于建造体系和组织模式等提出了更高的要求。

其次，建筑技术和工艺的成熟，新科技的发展，使得它们可以更广泛深入地应用于建筑实践中，为绿色建造发展提供了基础。同一时期，建筑技术和工艺日趋成熟，新的建筑科技在建筑设备、建筑部品、建筑材料上得到应用，势必推动建造模式的新发展。

最后，人类对资源节约和生态环境保护意识的提高成为建造活动向绿色建造转型的推手。20世纪70年代初，随着斯德哥尔摩全球环境大会的召开，人类开始更加重视资源节约和环境保护，而快速发展的建筑业与这两个可持续发展要素息息相关，这也使得各国开始尝试通过改变传统建造模式而实现对资源的节约和对环境的保护。

总体来说，发达国家的绿色建造发展过程经历了从萌芽、探索到成熟的演变。20世纪70年代开始在绿色环保领域制定一系列的政策并开展各专项工作，自然也影响到了建设领域。到20世纪末，发达国家的建造活动逐步将可持续发展确立为根本理念，并通过相关立法、评价体系、组织形式、示范工程、支撑产业等确保实施。21世纪以来，在前期探索和实践的基础上，发达国家又在技术体系、产业链聚合、专业人才队伍培养上对绿色建造开展了更多的研究和试点，取得了一定的成果，而这些成功经验将对中国未来绿色建造之路的发展提供一定的启示和帮助。

住房和城乡建设部在2019年末确立了"提升建筑工程品质，推行绿色建造方式"的新发展方向。

中共中央十九届五中全会发布了《中共中央关于制定国民经济和社会发展第十四个五年规划和二〇三五年远景目标的建议》，再次将"推动绿色发展，促进人与自然和谐共生"写入国家纲领性文件中。在建设领域，绿色建造是实现绿色发展的重要途径，"十四五"期间，有望通过绿色建造模式的大力推广完成建筑业的转型发展。

国外在政策法规、标准规范、组织方式、技术体系、产业链和人才培养模式、项目案例等方面为我国绿色建造工作的开展提供了可参考的成功经验。大胆学习和吸收，借助当前的各项政策利好，探索适合中国国情的绿色建造模式并加以实践，才能在"十四五"期间，真正改变传统建造模式的高耗能、高排放、低效率及品质不高的现状，实现建筑业的转型升级。

1.3 绿色建造概念

绿色建造是指按照绿色发展的要求，通过科学管理和技术创新，采用有利于节约资源、保护环境、减少排放、提高效率、保障品质的建造方式，实现人与自然和谐共生的工程建造活动。

在绿色发展领域，除了绿色建造之外，经常被提到的还有绿色建筑、绿色施工、双碳、智能建造、文明施工等相关概念，几个概念的相互关系见图1-1，具体阐述如下：

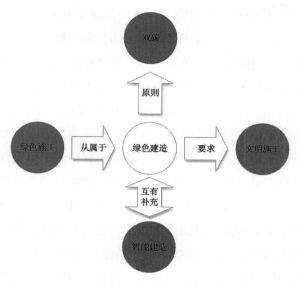

图1-1　概念关系图

绿色建筑是指在全寿命期内，节约资源、保护环境、减少污染、为人们提供健康、适用、高效的使用空间，最大限度地实现人与自然和谐共生的高质量建筑，简言之，即能够达到节能减排目的的建筑。

绿色施工是指工程建设中，在保证质量、安全等基本要求的前提下，通过科学管理和技术进步，最大限度地节约资源与减少对环境负面影响的施工活动，实现"四节一环保"（节能、节地、节水、节材和环境保护）。

智能建造，是新一代信息技术与工程建造融合形成的工程建造创新模式：即利用以"三化"（数字化、网络化和智能化）和"三算"（算据、算力、算法）为特征的新一代信息技术，在实现工程建造要素资源数字化的基础上，通过规范化建模、网络化交互、可视化认知、高性能计算以及智能化决策支持，实现数字链驱动下的工程立项策划、规划设计、施（加）工生产、运维服务一体化集成与高效率协同，不断拓展工程建造价值链、改造产业结构形态，向用户交付以人为本、绿色可持续的智能化工程产品与服务。

双碳，即碳达峰和碳中和。碳达峰是指某个地区或行业，年度温室气体排放量达到历史最高值，是温室气体排放量由增转降的历史拐点，标志着经济发展由高耗能、高排放向清洁低能耗模式的转变。碳中和是指某个地区在一定时间内，人类活动直接或间接排放的碳总量，与通过植树造林、工业固碳等吸收的碳总量相互抵消，实现碳"净零排放"。

文明施工是指保持施工场地整洁、卫生，施工组织科学，施工程序合理的一种施工活动。实现文明施工，不仅要着重做好现场的场容管理工作，而且还要相应做好现场材料、设备、安全、技术、保卫、消防和生活卫生等方面的管理工作。

其中绿色建筑、绿色建造、绿色施工都是强调环保的理念，其中绿色建筑和绿色建造是基于全寿命周期来进行定义，而绿色施工主要针对的是施工阶段，所以就范围来说，前两者的范围更大，内容也更多。绿色建筑是通过绿色建造来实现的，绿色建造更倾向于是一种过程性的概念，而绿色建筑偏向于一种结果。绿色建造全过程包括立项、设计、施工、运营、拆除等阶段，绿色施工则是绿色建造的一个重要阶段，之所以单独把绿色施工拿出来说因为施工阶段是浪费资源、使用能源、产生建筑垃圾等最多的一个环节，这些浪费和对环境的破坏在后期很难进行弥补，那么在以后的使用过程中会增加建筑的维护费用，造成能源和资源的浪费。

本书侧重的绿色建造统筹考虑建筑工程质量、安全、效率、环保、生态等要素，坚持因地制宜，坚持策划、设计、施工、交付全过程一体化协同，强调建造活动的绿色化、工业化、信息化、集约化和产业化的属性特征。绿色建造是着眼于建筑全生命周期，在保证质量和安全前提下，践行可持续发展理念，通过科学管理和技术进步，最大限度地节约资源和保护环境、实现绿色施工要求、生产绿色建筑产品的工程活动。绿色建造包含绿色策划、绿色设计、绿色施工3个阶段，加上绿色运营和绿色拆除2个阶段，是工程产品的制造全过程，如图1-2所示。绿色建造着眼于建筑全生命周期，践行可持续发展理念，强调环境保护、资源节约和以人为本的理念，追求工程建造经济、社会与环境等综合效益的最大化，并特别关注建造过

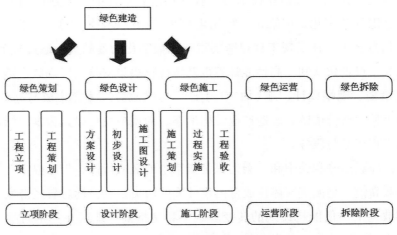

图1-2 建筑全寿命周期示意施工图

程的绿色化和建筑最终产品的绿色化。绿色建造的实现一方面依赖于科学管理，通过实行一体化的建造管理方式达到资源配置效率最优；另一方面，绿色建造的实现依赖于技术的持续进步，以提升建造的整体水平。

1.4 绿色建造发展现状

1.4.1 我国绿色建造发展现状

从2013年开始，绿色建造的雏形就开始出现，伴随着国家绿色发展的政策性指引，直到最近几年才开始正式提出并获得较为快速的发展。随着政府对相关文件和政策的制定和完善（图1-3），绿色建造已经被越来越多的人所接受和推崇并被应用于各类建设活动，为中国建造注入新的活力。

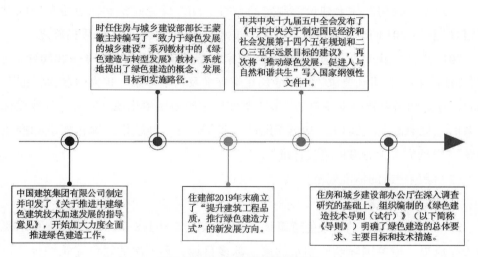

时任住房与城乡建设部部长王蒙徽主持编写了"致力于绿色发展的城乡建设"系列教材中的《绿色建造与转型发展》教材，系统地提出了绿色建造的概念、发展目标和实施路径。

中共中央十九届五中全会发布了《中共中央关于制定国民经济和社会发展第十四个五年规划和二〇三五年远景目标的建议》，再次将"推动绿色发展，促进人与自然和谐共生"写入国家纲领性文件中。

中国建筑集团有限公司制定并印发了《关于推进中建绿色建筑技术加速发展的指导意见》，开始加大力度全面推进绿色建造工作。

住建部2019年末确立了"提升建筑工程品质，推行绿色建造方式"的新发展方向。

住房和城乡建设部办公厅在深入调查研究的基础上，组织编制的《绿色建造技术导则（试行）》（以下简称《导则》）明确了绿色建造的总体要求、主要目标和技术措施。

图1-3　国内绿色建造发展状况

（1）绿色建造的政策法规

继全球温室效应的加剧，世界开始重新审视碳排放对全球环境的影响，中国也出台了相应的政策法规来保护环境，进行绿色发展，其中影响力最广的就是双碳政策，随着双碳政策的提出，绿色发展也再次被推向风口浪尖，成为人们关注的方向，而绿色建造作为绿色发展的重要一环，也进入了又一个热潮。

与其他工程建设活动相同，绿色建筑全生命期各环节以及生态城区建设均需要标准的引导和约束。中共中央、国务院及建设行政主管部门也对绿色建筑与生态城区标准提出了明确的政策要求，包括：

2006年，国务院发布《国家中长期科学和技术发展规划纲要（2006—2020年）》（国发〔2006〕6号），明确设置了"城镇化与城市发展"领域"建筑节能与绿色建筑"优先主题，要求从"绿色建筑设计技术、建筑节能技术与设备、可再生能源装置与建筑一体化应用技术、精致建造和绿色建筑施工技术与装备、节能建材与绿色建材和建筑节能技术标准"等方面开展科技攻关工作。

2012年，科技部发布了《"十二五"绿色建筑科技发展专项规划》（国科发计〔2012〕692号），并于同年年底完成"十二五"绿色建筑重点专项的战略研究，明确了将"绿色建筑共性关键技术体系、绿色建筑产业推进技术体系、绿色建筑技术标准规范和综合评价服务技术体系建设"作为绿色建筑科技发展的三个技术支撑重点。

2013年，国务院办公厅转发国家发展改革委、住房和城乡建设部联合制定的《绿色建筑行动方案》（国办发〔2013〕1号），将"完善标准体系"作为各项重点任务的保障措施之一，并明确提出了"健全绿色建筑评价标准体系"等具体要求。

2013年，住房和城乡建设部制定的《"十二五"绿色建筑和绿色生态城区发展规划》（建科〔2013〕53号）中，将"完善技术标准体系"列为了保障措施之一。

2014年，中共中央、国务院印发《国家新型城镇化规划（2014—2020年）》（中发〔2014〕4号），明确要求"完善绿色建筑标准及认证体系、扩大强制执行范围"。随后，住房和城乡建设部发布的《关于落实国家新型城镇化规划完善工程建设标准体系的意见》（建标〔2014〕139号）也进一步提出了"继续推进绿色建筑标准体系建设""继续完善生态城区建设标准"。

（2）绿色建造的标准规范

1）国家和行业标准

2006年发布实施的《绿色建筑评价标准》GB/T 50378—2006是我国总结实践和研究成果、借鉴国际经验制定的第一部多目标、多层次的绿色建筑综合评价标准，确立了以"四节一环保"为核心内容的绿色建筑发展理念和评价体系。此后，多部直接服务于绿色建筑的国家标准或行业标准相继发布实施或立项编制，在评价用途之外还基本涵盖了设计、施工、运行等多个阶段。目前最新的《绿色建筑评价标准》为2019年修改完善并发布的《绿色建筑评价标准》（GB/T 50378—2019）。

①设计阶段

设计阶段有行业标准《民用建筑绿色设计规范》JGJ/T229—2010，主要技术内容包括：总则、术语、基本规定、绿色设计策划、场地与室外环境、建筑设计与室内环境、建筑材料、给水排水、暖通空调、建筑电气共10章。

考虑到主要使用者为设计人员，规范在章节划分上打破了绿色建筑标准按目的划分章节的常用模式（分为节地、节能、节水、节材、室内环境等章节），而是按照场地、建筑、给排水、暖通、电气等专业来划分章节，便于设计人员、各相关专业人员迅速了解本专业的绿色建筑设计方法。规范特别设置了"绿色设计策划"一章，强调绿色建筑设计过程中的策划环节，鼓励建筑在设计初期充分调研和进行技术经济分析，充分协调各专业进行技术集成和优化，选择出适宜的、高效的、可行的技术措施。

②施工阶段

施工阶段有两部国家标准，分别是《建筑工程绿色施工评价标准》GB/T 50640—2010和《建筑工程绿色施工规范》GB/T 50905—2014。

《建筑工程绿色施工评价标准》的主要技术内容包括：总则、术语、基本规定、评价框架体系、环境保护评价指标、节材与材料资源利用评价指标、节水与水资源利用评价指标、节能与能源利用评价指标、节地与土地资源保护评价指标、评价方法、评价组织和程序等11章。该标准主要是为了规范建筑工程的绿色施工评价，推进施工过程中的资源节约与环境保护。

《建筑工程绿色施工规范》的主要技术内容包括：总则、术语、基本规定、施工准备、施工场地、地基与基础工程、主体结构工程、装饰装修工程、保温和防水工程、机电安装工程、拆除工程共11章。其中，第4～11章即是整个施工过程中的各模块。与《建筑工程绿色施工评价标准》按"四节一环保"划分章节不同，《建筑工程绿色施工规范》是按照建筑工程十大分部分项工程进行章节划分。在十大分部分项工程的划分基础上，结合绿色施工特点，进行合并、扩展和补充。

③运行管理阶段

运行管理阶段有一部行业标准《绿色建筑运行维护技术规范》JGJ/T 391—2016，主要技术内容包括：总则、术语、基本规定、综合效能调适与交付、运行技术、维护技术、规章制度管理共7章。

2）评价标准

现批准《绿色建筑评价标准》为国家标准，编号为GB/T 50378—2019，自2019年8月1日起实施。原《绿色建筑评价标准》GB/T 50378—2014同时废止。

本标准的主要技术内容是：1.总则；2.术语；3.基本规定；4.安全耐久；5.健康舒适；6.生活便利；7.资源节约；8.环境宜居；9.提高与创新。

本标准修订的主要技术内容是：1.重新构建了绿色建筑评价技术指标体系；2.调整了绿色建筑的评价时间节点；3.增加了绿色建筑等级；4.拓展了绿色建筑

内涵；5.提高了绿色建筑性能要求。

其他绿色建筑的评价标准包括：

国家标准《绿色工业建筑评价标准》GB/T 50878—2013；

国家标准《绿色办公建筑评价标准》GB/T 50908—2013；

国家标准《绿色商店建筑评价标准》GB/T 51100—2015；

国家标准《绿色饭店建筑评价标准》GB/T 51165—2016；

国家标准《绿色医院建筑评价标准》GB/T 51153—2015；

国家标准《绿色博览建筑评价标准》GB/T 51148—2016；

行业标准《绿色铁路客站评价标准》TB/T 10429—2014；

国家标准《既有建筑绿色改造评价标准》GB/T 51141—2015；

国家标准《绿色校园评价标准》GB/T 51356—2019；

国家标准《绿色生态城区评价标准》GB/T 51255—2017。

3）其他相关标准

除了前面提到的设计规范、施工规范、运行规范和评价标准外，还有两部涉及既有社区绿色改造和建筑绿色性能计算的行业标准正在制定之中：

《既有社区绿色化改造技标准》JGJ/T 425—2017；

《民用建筑绿色性能计算标准》JGJ/T 449—2018。

（3）绿色建造的组织方式

我国现有工程管理模式为设计、施工相分离的模式，绿色设计和绿色施工虽然都得到了一定程度的发展，但仍处于各自推进阶段，没有形成基于绿色建造的绿色设计与绿色施工协同推进模式。虽然现有的PPP，EPC等模式，但目前仍没有将绿色设计和绿色施工融合，效率不高。

（4）绿色建造的技术体系

绿色建造技术涉及产品整个生命周期，甚至多生命周期，主要考虑原材料、能源消耗和环境生态保护问题，同时兼顾技术、经济、社会问题、使得企业的经济效益和环境社会效益协调，改善人与自然关系。参照建设部、科技部颁布的《绿色建筑技术导则》、美国的《绿色建筑评估体系》，对绿色建造技术体系结构框架进行了研究，如图1-4所示。

（5）产业链及人才培养

相对于传统建筑行业，绿色建筑在整个生命过程中衍生出了其他相关行业，丰富了建筑行业的内涵。譬如，就技术服务而言，在绿色建筑产业链中包括绿色生态规划、绿色建筑设计咨询与认证、BIM软件、绿色施工、绿色运营以及绿色建

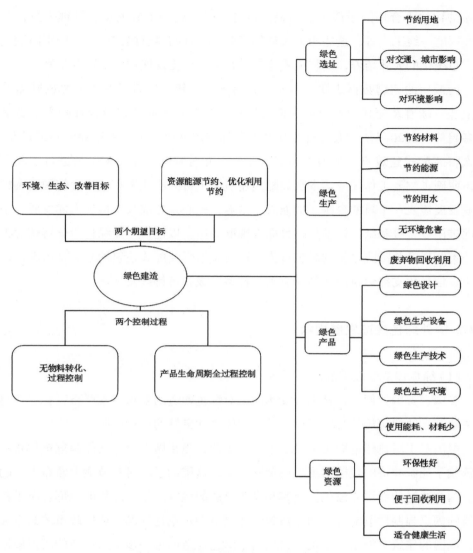

图1-4 绿色建造技术体系结构框架

筑检验等新型服务。绿色建筑的目标在于使人类的建筑活动符合生态规律，融入自然生态系统。相较于一般建筑产业链，绿色建筑产业链各部分的内涵更加丰富，外延有了新的拓展。主要涉及国民经济行业的7个门类，分别为工程建设、技术服务、建筑材料生产、建筑设备制造、生态环境、运营管理和拆除（循环利用）等，其中主要包含25个大类，约占国民经济产业大类的30%；65个中类，约占国民经济产业中类的15%。

作为国家大力推广和提倡的绿色建造方式，装配式建筑正逐步成为建筑领域未来发展的主流趋势。近年来，随着装配式等新兴技术得到大力推广，与之相匹配的人才结构的不合理的矛盾日益凸显。设计人员、现场吊装人员、管理人员，乃至构件厂的一线工人等，这些相关人员都需要从传统的建筑模式中予以职责演变。因此，系统化的人才培养，是装配式建筑是否可持续化发展的一个重要基础。

据最新的招聘数据表明，截至2020年5月上旬，建筑行业的人才招聘需求同比上涨，随着装配式建筑市场份额的增加，装配式方向的建筑设计师需求也呈现增多趋势。2020年初，人力资源社会保障部中国就业培训技术指导中心正式发文，首次将装配式建筑施工员列入国家新职业，并对装配式建筑施工员进行了职业定义，明确了主要工作任务。本次装配式建筑施工员的职业发布，将会使国内装配式行业发展迈入一个新的台阶。加强人才培养，关心人才成长，推进人才发展，是确保促进产业升级和结构调整战略目标实现的关键。以建筑产业绿色价值链理念为主导，不断提升装配式建筑的绿色价值，进一步增强装配式建筑的社会认可度，以绿色化、信息化支撑建筑产业创新驱动、转型升级和可持续发展。

1.4.2 国外绿色建造发展现状

（1）绿色建造的政策法规

美国、英国、德国、日本等发达国家对绿色建造的要求非常严格，在绿色建造相关政策、法律法规等方面形成了健全的体系和良好的运转机制。

美国对于绿色建造的思考始于半个世纪前，当年席卷全球的能源危机导致了严重依赖于能源经济的美国出现了一定的衰退，这推动了政府在节能上颁布更多的措施。国会通过的能源立法包括建筑和设备节能的激励政策，之后能源部发布了针对建筑的国家强制性节能标准和非强制性建筑节能示范性标准。通过政策的制定和要求，美国的建筑节能走上了正轨，迈出了绿色建造的第一步。这些节能政策根据发展的需要已经更新调整了多次，最新的相关法规政策主要包括《能源独立安全草案2007》和《能源政策法案2005》等。

英国政府主要通过颁布法案和法规，以及制定更为具体的规范和白皮书等来促进其国内绿色建造的发展。英国是对可持续发展十分重视的国家，20世纪80~90年代，为了应对迫切的能源缺乏和环境恶化问题，英国颁布的法规主要集中于对建筑节能和对控制建筑物污染排放的要求上，例如早期的《建筑法案》和1995年颁布实施的《家庭节能法》。进入新世纪，英国对于绿色建造的整体把控上出台了一系列纲领性文件及对应的具体规范指南，2008年颁布了《气候变化法》，将建造过程和建筑运营作为碳排放的重要来源，对通过绿色建造和绿色建筑运营减少碳排放做出了详细的规定。2004年颁布的《可持续和安全建筑法案》是在《建筑法案》的基础上，对于各类建设项目可持续性和安全性做出了规定，以减少建设项目对环境的影响（包括资源节约和环境保护），主要包括能源、水资源、生物多样性等多方面影响的要求，而且这一法案考虑了建筑的全寿命期，即覆盖了建造（设计和施工）、运营和拆除各个阶段。英国关于绿色建造的政策法规还体现在一些地区层面也都根据实情做了相关要求，例如伦敦市颁布的《拆除与建造场地实施规范》，苏格兰环保署颁布的《建筑工人环境指南》等，这些文件能够很好地指导地域性的绿色建造活动。

相对于美国和英国，德国的能源更为匮乏，所以毫不例外，德国在早期关于绿色建造领域的政策法规也是集中在建筑节能上。例如，1976年，德国政府就强制执行了第一部《建筑节能法》，要求新建建筑必须进行"节能保温"，并对"暖通设备"和"日常用水设备"及其运营提出了一定要求，这些都为日后德国成为世界上"被动房"理念推广最为成功的国家打下了坚实基础。但是，精于理性思考的德国人很快发现只要求建筑节能这种节流手段还是不够的，于是，进一步研究并实施了"开源"型的政策法规，主要有《可再生能源法》《生物能源法规》等。多年以后，这些法规的颁布给德国不少地区带来了巨大的益处。

日本由于巨大的人口数量、资源的缺乏、特殊的海岛边界和敏感的自然灾害，成为世界上最早开始重视节约和环保的国家。1979年，日本政府首次颁布《节约能源法》，其中包括建筑节能部分。而关于建筑整体性能要求，早在1971年即颁布了《建筑基准法》，后经过多次修订，增加了不少关于绿色建造的规定。为应对资源不足的严重问题，日本政府重点颁布实施了一系列和建筑材料等可再生材料循环化使用有关的政策标准，如1977年的《再生骨料和再生混凝土使用规范》、2000年的《建设工程材料资源化再利用法》和《建筑材料循环法》、2001年的《建筑废弃物处理法》、2002年的《建筑废弃物再利用法》等。

综上，欧美等发达国家在绿色建造相关政策制定上也是一个循序渐进的过程，通过对这些政策的实施，在发达国家建立起了相应的组织管理模式、技术体系、标准指南，进而形成了为绿色建造提供服务的产业链。

（2）绿色建造的标准规范

借助于40多年绿色建造发展的成功经验，以及各项政策法规的推动，发达国家基本上都建立了齐全的绿色建造标准体系。

美国在绿色建造领域的标准，主要集中于专项的节能标准和综合的绿色建筑标准两大类。前者包括强制性最低能效标准和自愿性能效标准、联邦能效标准和各州能效标准。近年来，美国联邦政府层面制定并执行的主要强制性节能标准包括：针对基本要求的《标准节能规范》；针对单层和多层住宅要求的《国家节能规范》；和针对高层住宅、商业建筑要求的《暖通空调和制冷协会 ASHRAE 标准》等。虽然没有针对绿色建造全过程进行评价的专业标准，但是美国的综合性的绿色建筑评价标准，例如新版本的 LEED 体系已经可以对建筑的策划、设计、施工、运维进行评价，它对建造中的各个连续环节做出了绿色化的具体指标要求，并非只关注最终结果，而是对全过程均有指标考量。

英国绿色建造相关的标准主要是20世纪80年代开始执行的国家《建筑节能规范》以及1991年颁布的 BREEAM 体系等。其中，BREEAM 由英国建筑科学研究院推出，是世界上第一部对绿色建筑做出全面评价的标准，涉及建筑从策划到运维、拆解全寿命期内的绿色指标。另外，英国通过行业协会还发布了《土木工程环境质量评价标准》《建筑现场环境管理手册》《建筑物环境绩效评价框架》《可持续建筑工程产品分类核心规则》等多个在业内起主导作用的标准手册。

德国在绿色建造领域的标准，前期主要包括一些节能标准、可再生能源利用标准以及被动式建筑技术标准等。但是，随着德国可持续建筑评价标准（简称 DGNB）在2008年的正式颁布实施，形成了一套较完整的针对建筑全寿命期进行动态评价的新标准，DGNB 克服了以往标准中过于强调单项指标而缺乏整体性，同时对建筑的经济问题以及使用者的综合需求考虑过少等缺点，参考了德国运营多年的工业标准体系并将其框架和优点应用于 DGNB 绿建标准编制中，因此该标准又被称为"绿建领域的二代标准"。DGNB 标准专门将"过程质量"单列出一类指标，对于建筑的策划、设计、采购、调试、运营、维护、拆解等全过程都做了指标对应分解，可以说是目前国际上最能涵盖绿色建造内容并在逻辑上进行一一对应的标准体系。

日本绿色建造的相关标准主要包括建筑节能标准和绿色建筑评价标准。前者主要有1979年即颁布实施的《公共建筑节能设计标准》和1980年颁布实施的《居住建筑节能设计标准》。日本《建筑物综合环境性能评价体系》（简称 CASBEE）是其国家绿色建筑评价标准，于2003年正式颁布。CASBEE 和前文介绍的几个国家绿色建筑评价标准稍有不同，它是一个双指标评价系统，即通过建筑物自身的环境质量要素 Q 与建筑物外部环境负荷要素 L 的比值来实现评定，更加强调"投入与产出的关系"。

其他国家在相关标准指南的推行上也有一些较成功的例子，例如新加坡于2009年开始推进其"绿色与优雅施工计划"，通过几年的研究和尝试，最终在2014

年颁布实施了《绿色与优雅施工指南》。该指南主要对施工建造现场的"公司管理策略要求""场地布置和空气质量""场地便捷性和无障碍""公众安全""噪声与振动""沟通机制""人力资源管理"等7个方面做出绿色建造的要求。

综上，发达国家在绿色建造相关标准的发展过程中，一般也没有直接冠名的针对绿色建造进行评价或指导的标准指南，多数还是通过综合性的绿色建筑评价标准对不同阶段进行评价来实现绿色建造的目标。

（3）绿色建造的组织方式

工程总承包模式是实现绿色建造非常有效的组织方式之一。该模式主要起源于第二次世界大战后的美国，当时美国经济发展进入快车道，城市化进程提速建筑业。由于国家财力充裕，不少项目都由政府牵头建设，政府为了实行集约化管理，很多工程都采用了快速招标、总承包商参与的建造模式，发展到20世纪七八十年代，已经逐步形成十分成熟的DB（Design-Build）和DBB（Design-Bid-Build）模式。特别是1972年布鲁克斯法案的颁布，使得DBB模式成为美国基础设施的最主要建造模式。这些工程总承包的建造方式，有利于设计和施工的衔接，确保建筑全过程的一致性，有助于实现绿色建造的目标。

发达国家在绿色建造组织方式的高效方面，还体现在行业协会及龙头企业在绿色建造方面发挥了较强的规范引领和实施协调作用。例如美国建筑领域的"四大协会"，即美国设计建造协会（DBIA）、美国土木工程师学会（ASCE）。美国建筑师学会（AIA）、美国总承包商协会（AGC）都编写有自己的DB模式合同范本，通过合同条文对绿色建造部分做出规定。美国预制混凝土协会（PCI）主导着全美装配式建筑的推广和发展。前文提及的LEED评价体系则由美国绿色建筑协会开发和掌管。英国的皇家特许建造学会（CIOB），是该国在建设领域最权威的行业协会，主要由从事建筑管理的专业人员组织起来的社会团体，是一个涉及建设全过程管理的专业学会。

龙头企业也对一些国家的绿色建造发展发挥了重大作用，如美国最大的承包商柏克德（BECHTEL）公司制定的《SHE手册》，美国绿色建筑先驱企业特纳（Turner）公司制定的《绿色建筑总承包商指南》，实现了对该行业建设活动的规范和引导。美国麦格劳—希尔公司旗下媒体《工程新闻记录》，即ENR（Engineering News-Record），是全球工程建设领域最权威的学术杂志，ENR每年对全球总承包商进行排名和分析，同时对全球的承包商、项目业主、工程师、建筑师、政府机构以及供应商等提供绿色建造领域的新理念、新技术、新发明、新工艺等。日本在绿色建造的组织实施上，大型建筑企业同样发挥着十分重要的示范作用。例如，鹿岛建设、熊谷组、大林组等公司都明确了自己的绿色发展战略，建立了完整的绿色管理体系来开展绿色建造活动，每年定期发布社会责任报告和可持续发展报告，明确目标、计划和实际执行效果统计，并详细报告公司年度资源投入与能耗、碳排放、绿色采购的具体情况。这些企业以身作则，不仅在自己的总部做到绿色运营，还在每一处工地都开展绿色建造活动，适时监测统计，纠偏整改，定期对外公布，让社会监督，起到很好的引领作用。法国最大的建筑承包商万喜公司（VINCI），早在2006年就向世界作出绿色施工承诺，同时每年投入大量费用进行绿色建造技术的研发，开发出多种针对绿色建造的技术。

国家鼓励实施有利于绿色建造的承包制模式，以及行业协会和龙头企业的引领作用，使得发达国家较早地通过市场机制实现了绿色建造的组织实施。国外在绿色建造组织方式上，还有一项值得学习的经验，就是采用多方参与一体化协同的实施模式。

德国非常重视全员参与和一体化协同的实施模式，这十分有利于绿色建造的推进。弗莱堡的里瑟菲尔德绿色城区是一个成功的案例，在新区规划前期，公众参与即被纳入。如社区发展概念方面，政府与公众取得一致：不能低密度、无限度扩张，应形成建筑高度适中的、有相当密度的城区，居住、休闲、工作、市场等各种功能混合。同时该区提供各种居住模式和开发策略，总体上50%的住宅建造将获得政府资助，另50%的住宅为私人财产房，使社会各阶层居民的需求得以满足，以保证未来新区社会结构的均衡和稳定。为了实现政府主导，整个开发过程由市议会取代私人开发商来进行控制。允许居民组成社区团体进行开发，倾向于出让小地块给社区团体，而不是出让大地块给开发商。具体的规划设计中，规划设计师允许个人在整体的设计框架下进行个体设计，因此建筑设计具有相对灵活的自由度。

（4）绿色建造的技术体系

随着其相应技术的完备、工程机械的进步、智能化和集成创新、管理团队和专业人才的技能提高，发达国家绿色建造技术体系的发展日臻成熟。通过多年实践，发达国家普遍实现了建筑的一体化设计、工厂化预制、装配化施工、信息化管理，形成本国工业化建筑体系和与之配套的绿色材料及产品。

美国是世界上最早实施配件化施工和机械化生产的国家之一，其城市住宅结构基本上以工厂化的混凝土装配式和钢结构装配式为主，降低了建设成本，提高了构件通用性，增加了施工可操作性。而那些体量较小的单体住宅，只需将木质结构构件半成品采购运输到工地，经过简单加工拼装到位即可。

德国的绿色建造体系在世界上著称的主要包括：装配式建筑体系和被动房体

系。前者主要采用混凝土剪力墙结构体系，使用减少模板的"双皮墙+叠合楼板"技术，其他构件如梁、柱、内墙板、外挂板、阳台板等也多采用装配式混凝土构件，大大提高了耐久性。德国的被动房理念，主要通过被动式设计对围护结构隔热保温能力、外窗气密性、热桥处理等来实现节能目的。2011年，德国最大的承包商霍克蒂夫（Hochtief）就致力于碳中和建造技术的研发，旨在对建筑物在建造和运营过程中产生的碳排放进行中和。为应对建筑物老化问题，霍克蒂夫还与达姆施塔特技术大学合作开展应对（建筑）老化新生概念技术研究。绿色建造技术和管理创新提高了工程承包企业的核心竞争力，撬动了长期以来承包市场的格局。自2008年金融危机以后，全球最大承包商德国霍克蒂夫公司与美国老牌承包企业特纳（Turner）公司合股打造新型绿色承包企业，多年来特纳公司始终位居美国《工程新闻记录》详选的绿色承包商第一把交椅，2013年营业收入达53.2亿美元。通过技术管理创新，美国DPR建筑公司从2012年第11名跃居2013年第5名，美国Swinerton公司从2012年第19名跃居2013年第8名。

法国最大承包商万喜公司2012年研发预算达4700万欧元，运用于企业发展的核心技术如生态设计、能源缤仪、华础设施的可持续性等。万喜公司自行或合作开发的生态设计工具已有7个，如CONCERNED生态设计工具，整合公司范围内建筑项目全寿命周期各阶段的专家系统，用于计算碳足迹和开发低碳技术措施。

信息化体系同样在发达国家的绿色建造过程中得到了充分应用。日本于1989年就提出了智能建造系统的概念，并且在1994年启动了先进建造国际合作研究项目，其中包括了分布智能系统控制等多项技术。而建筑信息模型系统（BIM）已经在发达国家从设计、施工到运维得到了全面的应用。美国IBM公司也提出了通过其大数据计算和智慧云系统实现城市级别的全过程绿色建造。

发达国家同样重视综合技术体系的应用。绿色建造技术的集成和创新，重点是对成熟、实用的技术与产品进行集成，还重视绿色建造技术的创新以及使用后的效果，实现真正意义上的绿色建造。近年来，绿色建造技术创新已经超越了对技术本身的研究，而是更多地融入了生态学、社会学、地理信息系统等多学科，从主要关注新技术、新工艺在建造中的应用，主要考虑建筑产品的功能、质量、发展到更多地关注建筑与环境的融合，与经济和社会发展的要求平衡，以及提高建筑使用者的满意度。

（5）产业链及人才培养

在产业链和人才培养上，英国做得更加全面一些。英国建筑研究院（BRE）正在尝试通过孵化"绿色建造创新园区"的方式建立一种全新的机制。利用创新园区平台，最新建筑科技成果可以在实践中得到应用和展示。目前，BRE在英国Watford建成的园区内向人们展示了几十个包含各种绿色建造技术成果的小型建筑，这些建筑通过了绿色策划和设计的标准、经过专业施工人员现场建造、使用了绿色建材并在运营中同时进行监测。可以说，BRE通过创新园区这种集"产学研"于一体的工程模式将绿色建造的展示成功地从线上移到了线下。

日本对于建筑材料和产品的产业链要求也十分严格，较早地将通过全寿命期考量的Ⅲ型绿色建材概念引入环境友好型产品中，也是世界上最早建立小型装配式建筑、整体卫浴和整体厨房产业的国家。例如，闻名全球的日本大阪地区的千里住宅公园，真正地把装配式住宅作为产品进行现场展示和销售。公园里，各个住宅4S店汇集了全日本50多家装配式住宅产品开发公司的样本房，房子风格各异，体现出环保、智能等高科技理念在建筑中的应用，展示了新材料和新技术的魅力，参观者和体验者可根据自己需要挑选住宅产品。交了定金之后，一般在3个月内即可在购房者拥有的场地上建成并投入使用。

1.4.3 发达国家绿色建造的发展对我国的启示

发达国家从20世纪70年代开始实践绿色建造，经过40余年的发展，美国、英国、德国和日本等国在绿色建造相关政策、法律法规、标准规范及技术发展等方面积累了丰富的经验，这对我国推行绿色建造具有重要的启示作用，总结归纳国外绿色建造的发展经验如下：

（1）政府在推进绿色建造过程中发挥主导作用。政府的主导作用主要体现在3个方面：

1）建立了推进绿色建造的相关法律、法规体系。

2）不断完善推进绿色建造的政策，西方国家的政策类型可以概括为"胡萝卜+大棒"的形式，即正向经济激励与处罚相结合的方式。

3）不断设立阶段性发展目标，推动绿色建造的发展。

（2）行业协会发挥的规范与协调作用。在西方发达国家推动绿色建造的过程中，协会的作用举足轻重。在法制基础上注意充分发挥市场主体的自律和行业组织、专业中介的作用。一方面，协会参与甚至主导制定行业规范、标准；另一方面，它也代表企业与政府进行谈判，协调行业内外的利益关系。

（3）龙头企业对市场的带动作用。国际一流承包商整体战略开始从利润向可持续发展倾斜，更加重视节约资源、保护环境、以人为本绿色建造理念的贯彻落实，对绿色建造的发展起到良好的引领作用。如：法国最大的建筑承包商万喜公司早在2006年就向世界做出绿色施工的承诺，同时每年投入大量费用进行绿色建造技术的研发，开发了多种针对建筑垃圾回收利用的技术；日本竹中工务店（ENR承包商）提出发展绿色技术的3Rs原则，包括优化（Refinement）、减少（Reduction）、替代（Replacement）三个方面，在该原则指导下，建筑垃圾的利用率达到90%；瑞典斯堪斯卡公司提出了以保护生态环境和保障工人健康等为目标的"5个零"可持续发展目标。

（4）绿色建造标准体系对行业的规范与引导作用。目前，大多数国家已经建立了绿色建造评价标准体系，为绿色建造的发展提供了可靠的实施依据。同时，各国对绿色建造的要求越来越高，每5年左右会对标准进行修编，且每次修订对绿色建造的要求均有较大幅度提高。

（5）技术创新为绿色建造的发展提供持续动力。绿色建造技术是绿色建造发展的基础和支撑，技术创新为绿色建造的发展提供源源不断的动力。绿色建造技术创新从对建筑技术本身的研究发展到与概率论、运筹学、社会学、地理学、信息系统论和优选法理论等学科的融合；从关注单体建筑发展到关注区域布局优化和绿色设计技术创新；从主要考虑建筑产品的功能、质量、成本到更多地关注建筑与环境、社会和经济的平衡协调；从施工技术工艺创新改进、设备更新向绿色施工整体策划与实施发展等，均实现了绿色建造的良好突破，实施效果颇为明显。

（6）绿色建造管理模式创新。绿色建造需要通过项目管理落实到工程实施的各个环节，合理的工程项目组织管理模式对绿色建造的推进具有重要作用。现行的工程项目组织管理模式，忽视工程总承包企业本身求生存、谋发展、强管理的自我做强、做优的巨大内在动力，过分倚重第三方的旁站监督和专项方案论证的保姆式管理方法，不利于工程项目终身负责制的落实，不利于工程建设企业自身技术能力的提升，显示出该工程项目组织管理模式一定的缺陷。基于此，强化和加速推进工程项目总承包负总责（PEPC——planning engineering procurement construction）的承包模式与基于全生命期的工程设计咨询服务（DCS——design consult service）相结合的工程项目管理模式（PEPC+DCS），有利于绿色建造的推进和培养企业自立于市场，值得花大力气在建设行业研究推进。PEPC+DCS工程项目管理模式强调管理范围向前延伸至工程立项策划，视野向后拓展到工程的运维阶段，是类同于工业产品制造的管理模式。该管理模式一方面明确了总承包商作为绿色建造的责任主体，履行绿色建造全过程的组织与协调，将本应该连续一体运行的工程项目立项策划、设计与施工深度融合，打破多元主体的传统建造模式，由总承包方全权控制建造全过程的各种影响因素，处理各类重大问题，对工程项目的所有安全质量问题负总责、负全责，促进工程项目环境、经济和社会效益最优化；另一方面，加快培育具有基于全生命期设计咨询服务能力的企业，对建筑方案的合规性负责，从事建造期的全过程和使用全生命期的咨询服务，对总承包方的建造过程和业主的工程运维提供设计、咨询和服务，以促进我国工程品质的精益化建造和物业运行的科学化管理。该管理模式与国际管理规则实现了无缝对接，可进一步加速"一带一路"的实施和中国建筑业"走出去"的步伐。

1.5 我国绿色建造发展存在的问题

长久以来，有一种观点认为：我们所面临的问题是一个不可能解决的问题，零碳建筑的实现遥不可及。而另一个问题则是，在过去的十年中，我们可以听到建筑师、开发商以及政府官员自如地使用诸如"绿色""生态""节能""可持续""低碳""低能耗"等词汇形容他们所负责的建筑项目。

然而，现实情况表明，这些词汇在许多案例中更像是一种市场策略，用以使潜在购买者或居住者信服他们所拥有的建筑是对环境负责的，但是支持这些词语的切实证据却几乎没有。我们希望在不远的将来，所有这些语汇的使用都是多余的，而我们只需要用"建筑"这一个词就可以概括那些从设计之初就具有环境保护意识，并对我们的星球产生积极影响的建筑。

我国绿色建造起步较晚，但发展迅速，通过绿色建设、绿色设计和绿色施工标准的引领和带动，在较短的时间内取得了良好成绩，特别是绿色施工发展的规模之大、覆盖面之广颇受赞誉。与此同时，也应看到我国建设行业在贯彻绿色发展理念、推进绿色建造方面存在的突出问题。在通过问卷调查、专家访谈和文献查阅等调研活动，了解到我国绿色建造虽然取得了显著成绩，但仍存在一些问题，如表1-1所示。

我国绿色建造存在的问题　　　　　　　　　　　　　　　　表1-1

存在的问题	详细描述
政府在推进绿色建造中的主导作用有待加强	实施绿色建造具有很强的外部性特征，国家作为社会效益和环境效益的受益者，应在推进绿色建造工作中发挥主导作用。目前，政府在绿色建造的政策制定、标准体系建立、阶段性发展目标规划中的主导作用尚未完全发挥，有待加强
绿色建造的推进缺乏激励政策	我国推进绿色建造的长效激励机制缺位。绿色建造推进的因素较多，通过对影响推进绿色建造最大障碍的调查，各方主体均认为缺乏激励是其最大障碍

存在的问题	详细描述
现有设计、施工相分离的工程管理模式不利于绿色建造推广	我国工程建造过程存在多元责任主体,设计施工一体化的长效机制未能形成。绿色设计和绿色施工虽然都得到了一定程度的发展,但仍处于各自推进阶段,没有形成基于绿色建造的绿色设计与绿色施工协同推进模式。现有的PPP,EPC等模式,没有将绿色建造理念较好地融入基于建筑全生命周期的策划、设计、施工过程中,从而无法实现综合效益最大化
绿色建造技术创新有待加强	绿色建造现行技术标准侧重单项技术多、简单过程多,忽略建造全过程的综合考量,与发达国家存在较大差距;同时企业绿色建造技术创新能力不足,绿色建造新技术推广应用力度不足

我国发展绿色建造的机遇与挑战并存,对于如何走出一条适合我国国情的绿色建造之路,面临着诸多问题和障碍。

(1)在工程立项策划阶段,存在绿色建造长期利益和短期投入兼顾不周的问题。我国建筑节能实践表明,增加5%~10%的工程造价,建筑物即可达到节能要求,而建筑节能的回收期一般为5~8年,与建筑物使用寿命50~100年相比,其经济效益相当突出。但在我国,由于设计、开发、施工和物业管理等相应的建设环节分离,相应的财政、税收等政策在绿色建造环节需加以分配,形成绿色建造的利益驱动力。

(2)在工程设计阶段,存在绿色建造技术简单堆积,对运行效果考虑欠佳的问题。绿色建筑总被认为是高科技、大投入的建筑,且在实施中若想将所有绿色、节能新技术在一个建筑中应用,追求全而广,这直接导致建筑成本上升,造成推广上的困难。事实上,绿色建造技术种类有很多,因地制宜地选择适当的技术,加以规划,然后再应用到设计、施工过程中去,并不一定会增加成本;相反,还可能节省资源、降低能耗。

(3)在绿色建造技术上,存在技术创新不够的问题。绿色建造是以节约能源、降低消耗、减少污染物产生量和排放量为基本宗旨的"清洁生产",然而目前建造过程中普遍采用的技术、工艺、设备和材料等还是注重于质量、安全和工期的传统技术,缺乏系统、可利用的"四节一环保"的绿色建造技术支撑。

(4)在绿色建造评估上,存在建造过程评估和建筑产品评价协同不够的问题。我国绿色建造起步晚、经验少,建筑节能、节地、节水、节材和环境保护的综合性标准体系尚未建立,缺乏权威的效果评估体系。《绿色建筑评价标准》GB/T 50378—2019主要针对设计和运营标识,《建筑工程绿色施工评价标准》GB/T 50640—2010针对的是绿色施工过程评价,需要形成覆盖绿色建造整个过程的评价体系和标准。

(5)在绿色建造推进的体制机制上,存在绿色建造推进环境尚未形成的问题。

目前，推进绿色建造的相关法规和标准尚未形成，工程建设各方的绿色建造责任及社会保证制度尚未明确，绿色建造的政策激励及约束机制尚待完善。推进建造的自觉性远未形成。所以，如何让非绿色建造者社会责任成本更高，让绿色建造实施者获益更大，形成绿色建造推进的良好环境是当务之急。

1.6 我国绿色建造发展方向和重点技术

观察和分析国内外经济与社会发展的大形势和大趋势，研究中国建设行业发展走向和建筑业技术发展现状，研判我国未来10～20年工程建造技术发展的重点方向和重点技术领域是非常必要的。通过广泛调研，提出绿色建造的5个重点发展方向和10项重点发展的技术领域。

1.6.1 我国绿色建造发展方向

我国绿色建造将朝着精益化、信息化、机械化、专业化及装配化的方向发展，如图1-5所示。

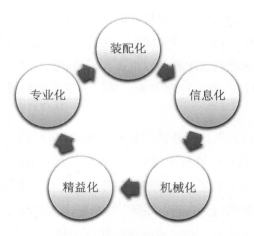

图1-5　绿色建造的发展方向

（1）精益化是绿色建造实现的必然趋势。随着物质文明水平的提高，公众对建筑产品质量技术性能有了更高要求，绿色建造必须坚持持续改进的方法，提供综合性能更优的工程品质。

（2）信息化是绿色建造发展的重要抓手。信息化建造历经若干发展阶段，其中智能建造是其发展的较高阶段，必须实现数字化设计、动态集成化平台驱动、机器人施工操作。智能化是绿色建造实现的较高要求，必须紧抓不放。

（3）机械化是实现绿色建造的基本要求。随着生活水平的提高，人们对改善作业条件、降低劳动强度的要求越来越高，机械化是实现这一目标的基本方式，工程施工机械在工程建造中的应用将日益广泛。

（4）专业化是绿色建造发展的基本策略。工程建造实施专业化发展策略，利于提高工程质量和工作质量，是推进绿色建造的重要保障，也是绿色建造发展的基本要求。

（5）装配化是绿色建造实现的重要途径。装配化是实现绿色建造的主要方式之一，也是绿色建造发展的重点方向。

1.6.2 我国绿色建造发展重点

技术创新对于提高工程品质具有重要的支撑作用，未来10～20年重点发展的十大关键技术如下：

（1）装配式建造技术。装配式建造是建筑工程建造的重要技术途径，在绿色建造方面具有巨大优势，应针对装配式建造技术的短板，集中优势资源实现技术上的有效突破。

（2）信息化建造技术。信息化建造技术是建筑业实现产业升级的重要方法，是实现绿色建造的必要手段和重要支撑。在工程建造过程中应充分利用信息资源，促使工程建造过程实现系统化管理、提高建造效率，强化信息化建造技术的研究，加快实现智能建造，进而实现智慧建造。

（3）地下资源保护及地下空间开发利用技术。地下空间的开发可以缓解城市快速发展带来的一系列问题，具有广泛的发展前景。地下空间开发应以保护地下环境为前提，研发符合绿色建造理念的地下空间开发利用技术。

（4）楼宇设备及系统智能化控制技术。楼宇设备智能化控制的目的在于楼宇建造和运行中的各种设备系统高效运转，实现楼宇设备和系统的智能化控制。因此应加大力度进行楼宇运行资源和能源高效利用的智能化技术研究。

（5）建筑材料与施工机械绿色化发展技术。建筑材料与施工机械绿色化发展技术应细化、强化建筑材料和施工机械供给侧的绿色性能要求，进行建筑材料和施工机械的绿色评价指标体系研究，一方面应注重建立、健全建筑材料与施工机械绿色性能评价体系，促使供给侧绿色建材大量生产；另一方面要因地制宜，进行绿色建材和绿色施工机械选用的管理和技术研究，促使建材行业技术升级。

（6）高强钢与预应力结构等新型结构开发应用技术。高强钢的研制使用和新型结构体系的开发研究是解决我国工程建设中存在的资源利用效率不高、环境保护不足、抗灾能力不强、使用寿命偏短等问题的重要举措，是工程建设行业实现可持续发展的关键技术之一。

（7）多功能高性能混凝土技术。多功能高性能混凝土是混凝土的发展方向，符合绿色建造的要求。研究发展轻质、高强，集承重、保温、耐火、防水和隔断围护等多功能于一体的高性能混凝土技术，对绿色建造的推进具有重要作用，应集中优势力量，寻求技术突破。

（8）施工现场固体废弃物减量化及资源化技术。施工现场固体废弃物减量化和资源化对于保护资源、减少污染具有重要作用，是绿色建造技术发展的重要方面，应重点关注。

（9）清洁能源开发及资源高效利用技术。加大太阳能、风能、潮汐能等清洁能源的开发利用技术研究，最大限度减少化石能源消耗，广泛开展低能耗照明灯具、施工机械和楼宇设备研制，进一步加大资源高效利用的技术开发，以便有效提高资源利用效率，实现对资源的有效保护。

（10）人力资源保护及高效使用技术。建筑业是劳动密集型产业，劳动强度高、作业条件差是其重要特点。围绕改善施工现场作业条件、减轻劳动强度进行技术研究，提升现场机械化程度、推进智能化建造，对劳动保护措施强化和人力资源高效使用至关重要。

课后习题

1. 什么是绿色建造？
2. 简述绿色建造与绿色建筑以及绿色施工的关系。
3. 我国的绿色建造还存在哪些问题？
4. 我国绿色建造的发展方向有哪些？
5. 我国绿色建造还需要突破哪些重点技术？
6. 绿色建造的各个阶段对应有哪些标准？
7. 我国政府针对绿色建造发布了哪些政策法规？

参考文献

[1] 许超，荣晓龙.绿色建筑运维与管理现状的分析[J].中国房地产业，2015（12）：111-111，115.

[2] 王清勤，叶凌.我国绿色建筑与绿色生态城区标准规范概况[J].工程建设标准化，2015（7）：94-97.

[3] 肖绪文.绿色建造发展现状及发展战略[EB/OL].https：//www.sohu.com/a/296735226_714527，2019-02-22/2022-04-05.

[4] 搜狐新闻.打造绿色建筑产业升级加速装配式人才培养[EB/OL].https：//www.sohu.com/a/402886983_814411，2020-06-19/2022-04-05.

[5] 毛志兵，李云贵，郭海山.绿色建造技术体系[EB/OL].https：//www.sohu.com/a/316019678_714527，2019-05-23/2022-04-05.

[6] 肖绪文，冯大阔.国内外绿色建造推进现状研究[J].建筑技术开发，2015，42（2）：7-11.

[7] 黄宁.国外绿色建造发展经验及案例[J].智能建筑，2021（1）：37-42.

[8] 肖绪文.绿色建造发展现状及发展战略[J].施工技术，2018，47（6）：1-4，40.

[9] 刘亚卓，孙国帅，刘占坤.绿色建造技术的发展现状[J].价值工程，2019，38（21）：194-196.

[10] 肖绪文，刘星.关于绿色建造与碳达峰、碳中和的思考[J].施工技术（中英文），2021，50（13）：1-5.

2

绿色建造工程师

导读：本章主要介绍了绿色建造工程师的定义、职业素养、职责以及绿色建造的人才需求。由于社会对绿色建造的需求，随之也新生了绿色建造工程师这一职业，本章对这一新兴的职业进行了介绍以便读者能够快速了解这一职业，后面对绿色建造工程师的市场需求前景展望能够为读者的个人职业生涯规划提供参考。

2.1 绿色建造工程师的定义

绿色建造工程师，顾名思义，就是进行绿色建造的工程师，即按照绿色发展的要求，通过科学管理和技术创新，采用有利于节约资源、保护环境、减少排放、提高效率、保障品质的建造方式，为人们提供健康、适用和高效的使用空间以及与自然和谐共生的建筑。

2.2 绿色建造工程师的职业素养

2.2.1 绿色建造工程师的基本素质要求

绿色建造工程师的基本素质是职业发展的基本要求，同时也是其专业素质的基础。专业素质构成了工程师的主要竞争实力，而基本素质奠定了工程师的发展潜力与空间。绿色建造工程师的基本素质主要体现在职业道德、健康素质、团队协作、沟通协调、诚实守信、勤于学习等方面（图2-1）。

（1）职业道德

职业道德是指人们在职业生活中应遵循的基本道德，即一般社会道德在职业生活中的具体体现。它是职业品德、职业纪律、专业胜任能力及职业责任等的总称，属于自律范围，通过公约、守则等对职业生活中的某些方面加以规范。职业道德素质对其职业行为产生重大的影响，是职业素质的基础。

（2）健康素质

健康素质主要体现在心理健康及身体健康两方面。绿色建造工程师在心理健康

绿色建造技术概论

图2-1 绿色建造工程师的基本素质

方面应具有一定的情绪的稳定性与协调性、较好的社会适应性、和谐的人际关系、心理自控能力，心理耐受力以及健全的个性特征等。在身体健康方面BIM工程师应满足个人各主要系统、器官功能正常的要求以及体质和体力水平良好等要求。

（3）团队协作

团队协作能力，是指建立在团队的基础之上、发挥团队精神、互补互助以达到团队最大工作效率的能力。对于团队的成员来说，不仅要有个人能力，更需要有在不同的位置上各尽所能、与其他成员协调合作的能力。

（4）沟通协调

沟通协调是指管理者在日常工作中妥善处理好上级、同级、下级等各种关系，使其减少摩擦、能够调动各方面的工作积极性的能力。

（5）诚实守信

诚实守信是做人做事至关重要的一环。工程师在实际工作的过程中一定要诚实守信，诚实在于对现场的各项工作要及时汇报和沟通确保各方的知情权，不得虚报瞒报，否则可能会导致一系列不可预知的问题；守信则在于力求达到规定的工程要求，严格按照工期规划进行施工的各项安排，对于没能达标或者没按规定的要求进行施工的方案，要与业主以及相关方及时沟通并提出解决方案。

（6）勤于学习

俗言道，书山有路勤为径，学海无涯苦作舟。社会在不断地发展，行业也在不断地革新，所以绿色建造工程师不能仅仅满足于当前所学的知识和能力，要与时俱进，不断了解新技术、新方法并尝试将其运用到实际的工程案例中去，才能获得各方的认可，使整个绿色建筑行业发展得越来越好。

上述基本素质对绿色建造工程师职业发展具有重要意义：有利于工程师更好地融入职业环境及团队工作中；有利于工程师更加高效、高标准地完成工作任务；有利于工程师在工作中学习、成长及进一步发展，为绿色建造工程师的更高层次的发展奠定基础。

2.2.2 绿色建造工程师的专业素质要求

除了具备所需要的基本素质外，专业素质也必不可少。专业素质决定了绿色建造工程师的竞争力，是成为优秀的绿色建造师必不可少的一部分。首先，一名优秀的绿色建造师需要对国家的相关政策有一定的了解，在工程建设的过程中，还需要学以致用，善于运用新技术、新方法来提高工程效率（图2-2）。

图2-2　绿色建造工程师的专业素质

（1）通熟国家政策

为了绿色建筑能够有更好的发展环境，国家相继颁布了一系列的政策法规，其中最明确的要数《绿色建造技术导则（试行）》。积极响应国家号召，充分了解国家发布的关于绿色建筑以及绿色建造的相关政策法规，了解其中的具体规范和要求，对于今后绿色建造规范化施工具有特别重要的意义。

（2）知识体系完备

1）掌握绿色建造各个阶段的要领，具有完备的工程经验，能够清楚明白各个阶段的建造流程和注意事项。

2）掌握专业的绿色建造技术，能够及时变通技术方案，选择最优的方案进行施工，对于不妥的方案及时与相关方进行协商沟通，确保工程优质高效地进行。

3）充分领会设计师的意图，并根据图纸提出合理的技术措施方案，既要确保工程质量，又要保证工程的经济性、高效性。

4）对于一些新技术和新方法一定要加以学习和掌握并能够将其运用到实际工程中去，确保工程在与时俱进、开拓创新中不断取得新进展。

5）能够编制绿色施工所涉及的一些关键文件，使得绿色建造的全寿命周期过程中有规可循，确保整个建造过程的高效统一。

（3）工程经验丰富

在建筑全寿命周期的建设当中难免会有一些不在计划之内的事情发生，在面对一些突发状况时，就需要绿色建造工程师能够沉着冷静并及时与各方沟通提出解决方案。一般来说，拥有丰富工程经验的工程师更能够快速对项目中的突发状况进行处理其至是预防和规避。

（4）应用信息技术

当代的绿色建造已经和信息化联系越来越密切，越来越多的信息技术被运用到建筑的全寿命周期中，绿色建造工程师除了要掌握专业知识外，还要对现代信息技术有充分的了解，能够熟练地运用现代信息技术进行工程建设，诸如BIM、云计算、大数据、物联网等，都是绿色建造工程师需要了解和掌握的现代信息技术技能，能够更好地推动绿色建造的发展。

2.3 绿色建造工程师的职责

绿色建造工程师与绿色建筑工程师都是为绿色建筑服务的，因而他们的职责也有着很多的重合，绿色建造工程师是为整个建造过程服务，对建造的各个过程进行把控，严格按照绿色建造的要求进行建设活动，而绿色建筑工程师更多的是为结果服务，对整个建筑的标准负责，两者相辅相成，形成了绿色建筑全寿命周期的双层屏障，确保建设活动平稳、高效地进行。

绿色建造工程师的工作贯穿于绿色建筑的立项、规划、设计、审图、材料采购、施工、监理、检测、竣工验收、核准销售、维护、使用等项目的全生命周期内的不同阶段。在各阶段的主要工作职责如下：

2.3.1 初步设计阶段

（1）绿色建筑项目的整体设计理念策划、分析，项目目标的确认，分析项目适合采用的技术措施、与实现策略，明白设计要求，制定初步的建造方案。

（2）项目资料分析整理，明确项目施工图及相关方案可变更范围。

（3）根据设计目标及理念，完成项目初步方案、投资估算、星级评估。

（4）协助完成需要向甲方提供的《项目绿色建筑预评估报告》。

（5）对甲方确认的绿色生态技术提供可行性分析报告，包括现有方案如何调整、技术的应用范围、应用效果、厂商及案例信息、经济性分析、工期预估等。

（6）向甲方提供《项目绿色建筑可行性研究报告》。

2.3.2 深化设计阶段

（1）根据甲方确认的星级目标，根据绿色建筑星级自评估结论，确定项目所要达到的技术要求。

（2）根据项目工作计划与进度安排，完成与建筑设计、机电设计、景观设计、室内设计以及其他相关专业深化设计的咨询工作。完成设计方案的技术经济分析；并落实采用技术的技术要点、经济分析、相关产品等。

（3）乙方将参与整个施工图完善修改阶段的技术指导，根据确定的设计方案，乙方提供相关技术文件，指导施工图设计融入绿色建筑技术和细部理念。提供施工图方案修改完善建议书，并指导施工图设计。

（4）完成绿色建筑星级认证所需要完成的各项模拟分析，并提供相应的分析报告。

（5）向甲方提供《项目绿色建筑设计方案技术报告》。

2.3.3 标识申报阶段

（1）按照《绿色建筑评价标准》GB/T 50378—2019要求，完成各项方案分析报告。

（2）协助甲方完成绿色建筑设计评价标识认证的申报工作，编制和完成相关申报材料，进行现场专家听证和答辩。

（3）参与评审评估以及与评审单位进行沟通交流，对评审意见进行反馈及解释。

2.3.4 材料采购阶段

（1）综合考虑质量、进度、成本、环保等因素，选用最适合工程项目的绿色环保型材料以及机械设备。

（2）材料采购符合国家相应的材料采购规范和政策标准，对于不合格材料及时通知并要求相关方进行整改，跟进相应整改进度。

（3）监督工程现场的各项建设措施，发现不合格的措施及时制止并进行现场指导。

2.3.5 项目施工阶段

（1）对施工企业和房地产企业进行绿色施工的培训，介绍绿色施工的政策，绿色施工的内涵，绿色施工的要求，绿色施工的技术规范，绿色施工的组织方法，以及绿色施工的影响等。

（2）绿色施工规划咨询对施工企业和房地产企业的绿色施工进行总体规划和绿色施工项目的规划，指导制定绿色施工的目标，确定相关的绿色施工措施，制定绿色施工的组织方案。

（3）绿色施工项目实施指导和评定针对绿色施工的规划方案，协助项目进行绿色施工。

（4）根据规划协助企业实现绿色施工项目评定。

2.3.6 运营配合阶段

（1）组织物业公司管理和操作人员进行绿色建筑技术介绍和绿色物业管理知识培训。

（2）运营管理取证，编制相应的记录表格指导物业记录系统和设备等的运行情况，定期审查运行记录，全程监控建筑的运行情况，使之符合申报和现场核查的要求。

（3）针对项目的具体情况，指导物业公司制定相应的管理制度。

2.4 绿色建造人才需求

2.4.1 发展绿色建造的必然性

（1）绿色建造的巨大优势

很多人都觉得，绿色建筑技术人才是国内房地产畸形发展的结果，是一种非正常建筑缺陷修补性人才，是一种非主流的价值和能力，其实不然。

绿色建筑技术注重低耗、高效、经济、环保、集成与优化，是人与自然、现在与未来之间的利益共享，是可持续发展的建设手段。

发展绿色建筑的过程本质上是一个生态文明建设和学习实践科学发展观的过程。其目的和作用在于实现与促进人、建筑和自然三者之间高度的和谐统一，经济效益、社会效益和环境效益三者之间充分地协调一致，国民经济、人类社会和生态环境又好又快地可持续发展。

（2）人们追求高质量生活的理念

我们现今已完全意识到全球气候变化的起因和后果，以及建筑和建造对此造成的影响。值得注意的是，建筑和其自身的管理运作占到全球碳排放量的40%。因此，从建筑师到工程师、开发商、投资方、建筑运营经理，所有与建筑的相关的采购和运营角色，在保证设计和运营更绿色、更节能建筑方面发挥着极其重要的作用。

人们除了对于煤气、电器、房屋结构方面可能出现的隐患日益重视外，对一些慢性危害人体健康的东西的认识也在加强，人们已经意识到"绿色"和我们息息相关。

（3）国家政策支持

2003年，胡锦涛在讲话中提出"坚持以人为本，树立全面、协调、可持续的发展观，促进经济社会和人的全面发展"，按照"统筹城乡发展、统筹区域发展、统筹经济社会发展、统筹人与自然和谐发展、统筹国内发展和对外开放"的要求推进各项事业的改革和发展的方法论——科学发展观。2017年10月18日，习近平总书记在十九大报告中指出，坚持人与自然和谐共生。必须树立和践行绿水青山就是金山银山的理念，坚持节约资源和保护环境的基本国策。中国政府很早就开始意识到发展不能摒弃环境并尝试推进中国的绿色发展，尤其是近些年来，在绿色发展领域卓有成效，带有绿色标识的建筑开始在中国涌现。

（4）全球绿色发展思潮的影响

20世纪是动荡、变革、发展的百年，在这百年之中，地球上发生了三种影响深刻的变化：社会生产力极大提高、人口过度增长、环境遭受严重破坏。可持续发展是人类对社会发展历史进行痛苦反思后提出的一种全新的发展思想和发展观，是21世纪全人类所普遍关注的议题。

早在远古时期，中国就有了朴素的可持续发展思想。古老东方文明中的重要思想之一就是多种草种树，保护好山林树木，为子孙后代造福。人要丰衣足食须靠劳作和勤俭持家，对于自然资源，要多加爱护，切不可无止境地索取。《逸周书·大聚篇》记有大禹所说的一段话："春三月，山林不登斧，以成草木之长；夏三月，川泽不入网罟，以成鱼鳖之长。"春秋战国时期已有保护鸟兽鱼鳖以利"永续利用"的思想，以及封山育林定期开禁的法令。儒家创始人孔子在《论语·述而》中主张"钓而不纲，弋不射宿"，意思是只用一个钩而不用多钩的鱼竿钓鱼，只射飞鸟而不去射巢中之鸟。齐国国相管仲指责有的君主缺乏头脑，把山林砍光，造成水源干涸，百姓深受其害，认为"为人君而不能谨守其山林川泽菹泽草莱，不可以立为天下王"。后来的荀子发扬光大了管仲的思想，把保护环境、保护资源作为治国安民之策。现代西方可持续发展思想的最早研究可追溯到马尔萨斯和达尔文。马尔萨斯早在1789年所著的《人口原理》是其关于人口与资源关系的核心观点代表作，书中说道："人口和其他物质一样，具有一种迅速繁殖的倾向，这种倾向受到自然环境的限制。"本书的主要论点为：人口增长速度高于自然资源的增长速度，或迟或早人口数量将超过自然资源所能承受的水平，由此引起饥饿和死亡。达尔文在1859年发表了著名的《物种起源》，他在本书中所论述的生物与环境的关系与马尔萨斯的观点基本一致。在1972年6月5日联合国召开的人类环境会议提出了"人类环境"的概念，并通过了人类环境宣言成立了环境规划署。1980年3月，联合国大会首次使用了"可持续发展"这个名词，之后在一些文件和文章中也使用过这个名称。1987年世界环境与发展委员会在《我们共同的未来》报告中第一次阐述了可持续发展的概念："可持续发展是既满足当代人的需求，又不对后代人满足其需求的能力构成危害的发展"，并得到国际社会的广泛共识。

所以绿色建造的兴起具有其必然性，顺应了时代的发展要求，是大势所趋。随着绿色建造的发展，对于绿色建造工程师的需求将大幅增加，然而我国的绿色建造还在起步阶段，而绿色建造又要求专业化和系统化，需要相对专业化的人才，所以绿色建造工程师就成为绿色建造发展中必然的一环。

2.4.2 绿色建造师的现状与前景展望

近年来，绿色已成为现在的市场主力，比如我们现在常常听到的"绿色出行""绿色食品"等，一系列健康卫生问题已成为热点，绿色产业逐渐兴盛，而工程行业的相应力量也在悄然兴起，那就是绿色建造工程师。

在我国，绿色建筑技术发展的重心将从以技术创新为主向技术创新与既有技术集成研究并重的方向转变，对绿色建造人员的专业水平提出更高的要求；绿色建筑的设计和施工并不是完全颠覆现有的建筑理念，而是在现有建筑理念基础上的改进和提升。

根据中国建设科学研究院权威的统计和了解，绿色建造工程师的就业范围非常广泛。包括：政府建设管理部门或建设单位、设计单位、建筑企业、监理单位、房地产开发企业、工程咨询公司、国际工程公司、投资和金融单位从事绿色建筑评估和设计工作，也在相关高校及研究机构从事相关专业的教学及科研工作等。并且，随着越来越多的省市明确颁布绿色建筑理念，绿色建造工程师的就业前景十分被看好。如图2-3所示。

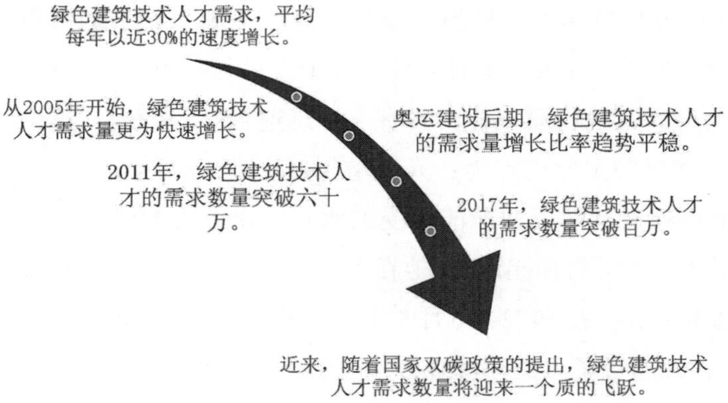

绿色建筑技术人才需求，平均每年以近30%的速度增长。

从2005年开始，绿色建筑技术人才需求量更为快速增长。

奥运建设后期，绿色建筑技术人才的需求量增长比率趋势平稳。

2011年，绿色建筑技术人才的需求数量突破六十万。

2017年，绿色建筑技术人才的需求数量突破百万。

近来，随着国家双碳政策的提出，绿色建筑技术人才需求数量将迎来一个质的飞跃。

图2-3　绿色建造人才需求

　　绿色建造工程师是一个非常重要的职位。他要确保各个工程环节的顺利实施，是建设项目成果检测评价的重要依据。一般来说，从事绿色建造工程师主要是土木工程、工程经济学、财务管理、业务管理、物业管理、计算机和网络管理专业等，他们受过专业的系统的培训，有一定的工作经验。

　　显然，这里的"绿色建造"并非狭义的普及绿化，而是最大限度地节约资源（节能、节地、节水、节材）、保护环境、减少污染，为人们提供健康、适用和高效地使用空间、与自然和谐共生的建筑。因此，相应的绿色建造工程师这个职业在未来的房地产界将会变得炙手可热。

　　我国已成为全球城市化建设规模最大的国家，而对于绿色建筑技术人才需求，平均每年以近30%的速度增长。现如今，绿色建筑技术人才需求量早已突破数百万。不论是绿色建筑工程师还是绿色建造工程师，都是目前市场人才缺口职业，目前国内各大高校几乎没有完全对口的绿色建筑的相关专业，而绿色建筑的知识体系又非常复杂。国内绿色建筑知识与课程较少且不成体系，而国外的绿色建筑知识体系又不适合中国国情，再加上我国建筑投入基数大，绿色建筑发展迫切，市场对绿色建筑工程师和绿色建造工程师的需求是可想而知的，并且随着我国经济的发展，对绿色建筑人才需求将更大。

　　目前，绿色节能建筑大热，但是受限于节能技术发展还无法进行有效规范检测控制。在国家大力倡导绿色可持续的背景之下，绿色建筑规范化、具体化会得到加强，那么两者就会扮演十分重要的角色。

1. 什么是绿色建造工程师？
2. 绿色建造工程师的专业素质要求包括哪几方面？
3. 绿色建造工程师的职责分为哪几个阶段？
4. 项目施工阶段绿色建造工程师有哪些职责？
5. 绿色建造发展的必然性体现在哪几个方面？请分别阐述。
6. 为什么说绿色建造工程师非常具有前景？

参考文献

[1] 绿色建筑工程师证书作用是什么？国家为什么大力发展绿色建筑工程师？[EB/OL]. https：//www.sohu.com/a/503998540_121251521，2017-07-14/2022-03-26.
[2] 绿色建筑师[EB/OL]. https：//baike.baidu.com/item/%E7%BB%BF%E8%89%B2%E5%BB%BA%E7%AD%91%E5%B7%A5%E7%A8%8B%E5%B8%88/56721481?fr=aladdin，2022-03-26.

3

绿色建造和『双碳』的关系

导读：为应对全球气候变化，世界各国作出了碳减排承诺，在碳达峰与碳中和的目标下，实施碳减排是我国实现绿色低碳发展的重要战略，同时也面临着重大挑战。本章主要介绍了碳达峰与碳中和的时代背景、碳达峰与碳中和的概念、国内外碳中和目标、国内与碳达峰碳中和相关的政策、建筑业的能耗排放及节能减排路径，使读者认识到"双碳"背景下绿色建造助力碳减排的必要性。

3.1 碳达峰与碳中和的时代背景

20世纪以来，工业化加快，煤、石油等化石能源的广泛使用排放了大量的二氧化碳，导致大气中二氧化碳的浓度升高，温室效应使得全球气候变暖。据世界气象组织发布的关于"2021年全球气候状况"的临时报告显示，2021年全球平均气温（1月至9月）较1850—1900年高出约1.09℃，目前被世界气象组织列为全球有记录以来第六个或第七个最温暖的年份。该报告称，2020年全球温室气体浓度已达到新高，二氧化碳、甲烷和氧化亚氮的浓度分别比工业化前高出149%、262%和123%，而这种增长在2021年仍在继续。具体来说，全球变暖气候变化带来的影响主要表现在图3-1所示的三个方面。

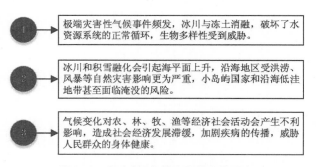

图3-1 全球变暖气候变化带来的影响

2015年《第三次气候变化国家评估报告》显示，我国气候变暖速率高于全球平均值。评估报告显示，20世纪70年代至21世纪初，我国冻土面积减少约18.6%，冰川面积退缩约10.1%。未来，我国区域气温将继续上升。到21世纪末，可能增温1.3～5℃。气候变化对我国影响利弊共存，总体上弊大于利。《中国气候变化蓝皮书（2021）》显示，1951—2020年，中国地表年平均气温呈显著上升趋势，每十年升高0.26℃，升温速率明显高于同期全球平均水平。如图3-2 1901—2020年中国气温变化趋势所示。

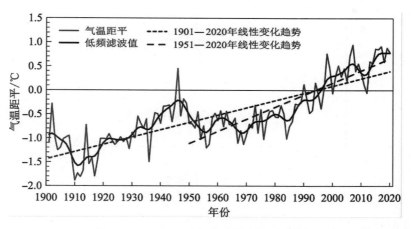

图3-2　1901—2020年中国气温变化趋势

2018年IPCC《全球1.5℃增暖特别报告》指出，全球升温1.5℃将对陆地海洋生态、人类健康、食品安全、经济社会发展等产生诸多风险，如果全球升温2℃，风险将更大。总而言之，日益严峻的气候变化形势正在威胁着人类社会系统的稳定性，阻碍了全人类的可持续发展，必须通过行动减少温室气体排放。

为应对全球变暖气候变化，2020年9月国家主席习近平在第七十五届联合国大会一般性辩论上提出"3060"双碳目标，向世界郑重承诺力争于2030年前实现碳达峰，努力争取2060年前实现碳中和。

3.2 碳达峰与碳中和的概念

碳达峰、碳中和两个概念中的"碳"指的是二氧化碳，特别是人类生产和生活活动产生的二氧化碳。

3.2.1 碳达峰的概念

碳达峰是指二氧化碳排放（以年为单位）在一段时间内达到峰值，之后进入平台期并可能在一定范围内波动，然后进入平稳下降阶段。由于经济因素、极端气象自然因素等视情况可以适度允许在平台期内出现碳排放上升的情况，但不能超过峰值碳排放量。碳达峰是二氧化碳排放量由增转降的历史拐点，标志着经济发展由高耗能、高排放向清洁低能耗模式的转变，达峰目标包括达峰年份和峰值。如图3-3所示。

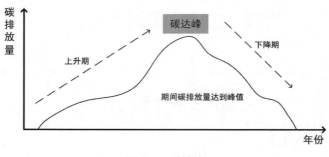

图3-3　碳达峰

3.2.2　碳中和的概念

通常来讲，碳中和是指国家、区域、公司、团体、个人等在一定时间（一般是指1年）内直接和间接排放的二氧化碳，与其通过植树造林、碳捕获、利用与封存等方式清除的二氧化碳相互抵消，实现二氧化碳"净零排放"，如图3-4所示。

图3-4　碳中和

碳达峰是碳中和的前置条件，只有实现碳达峰，才能实现碳中和。碳达峰的时间和峰值水平直接影响碳中和实现的时间和难度：达峰时间越早，实现碳中和的压力越小；峰值越高，实现碳中和所要求的技术进步和发展模式转变的速度就越快、难度就越大。

3.2.3 "双碳"的主要目标

《中共中央 国务院关于完整准确全面贯彻新发展理念做好碳达峰碳中和工作的意见》(以下简称《意见》)指出,实现碳达峰、碳中和,是以习近平同志为核心的党中央统筹国内国际两个大局作出的重大战略决策,是着力解决资源环境约束突出问题、实现中华民族永续发展的必然选择,是构建人类命运共同体的庄严承诺。作为碳达峰碳中和"1+N"政策体系中的"1",《意见》是党中央对碳达峰碳中和工作进行的系统谋划和总体部署。《意见》指出碳达峰与碳中和的主要目标如下:

到2025年,绿色低碳循环发展的经济体系初步形成,重点行业能源利用效率大幅提升。单位国内生产总值能耗比2020年下降13.5%;单位国内生产总值二氧化碳排放比2020年下降18%;非化石能源消费比重达到20%左右;森林覆盖率达到24.1%,森林蓄积量达到180亿m^3,为实现碳达峰、碳中和奠定坚实基础。

到2030年,经济社会发展全面绿色转型取得显著成效,重点耗能行业能源利用效率达到国际先进水平。单位国内生产总值能耗大幅下降;单位国内生产总值二氧化碳排放比2005年下降65%以上;非化石能源消费比重达到25%左右,风电、太阳能发电总装机容量达到12亿kW以上;森林覆盖率达到25%左右,森林蓄积量达到190亿m^3,二氧化碳排放量达到峰值并实现稳中有降。

到2060年,绿色低碳循环发展的经济体系和清洁低碳安全高效的能源体系全面建立,能源利用效率达到国际先进水平,非化石能源消费比重达到80%以上,碳中和目标顺利实现,生态文明建设取得丰硕成果,开创人与自然和谐共生新境界。

3.3 碳达峰与碳中和的相关政策

3.3.1 世界各国"碳中和"目标

目前,已经有数十个国家和地区提出了"零碳"或"碳中和"的气候目标,英国能源与气候智库(Energy & Climate Intelligence Unit)的净零排放跟踪表统计了各个国家进展情况,其中包括:已实现的2个国家,已立法的6个国家,处于立法中状态的包括欧盟(作为整体)和其他3个国家。另外,有12个国家(包括欧盟国家)发布了政策宣示文档,如图3-5所示。

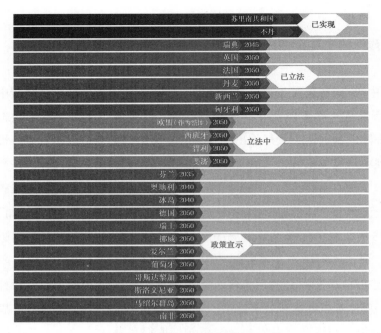

图 3-5 世界各国和地区碳中和目标

　　2015年，《巴黎协定》设定了21世纪后半叶实现净零排放的目标。越来越多的国家政府正在将其转化为国家战略，提出了无碳未来的愿景。根据Climate News网站汇总的信息，30个国家和地区设立了净零排放或碳中和的目标，如表3-1所示。

世界各国碳中和的目标　　　　　　　　　　　　　　　　　　表3-1

国家	目标日期	承诺性质	具体说明
中国	2060年	政策宣示	中国在2020年9月22日向联合国大会宣布，努力在2060年实现碳中和，并采取"更有力的政策和措施"，在2030年之前达到排放峰值
不丹	目前为碳负，并在发展过程中实现碳中和	《巴黎协定》下自主减排方案	不丹人口不到100万，收入低，周围有森林和水电资源，平衡碳账户比大多数国家容易。但经济增长和对汽车需求的不断增长，正给排放增加压力
美国加利福尼亚	2045年	行政命令	加利福尼亚的经济体量是世界第五大经济体。前州长杰里·布朗在2018年9月签署了碳中和令，该州几乎同时通过了一项法律，在2045年前实现电力100%可再生，但其他行业的绿色环保政策还不够成熟
加拿大	2050年	政策宣示	特鲁多总理于2019年10月连任，其政纲是以气候行动为中心的，承诺净零排放目标，并制定具有法律约束力的五年一次的碳预算

国家	目标日期	承诺性质	具体说明
智利	2050年	政策宣示	皮涅拉总统于2019年6月宣布，智利努力实现碳中和。2020年4月，政府向联合国提交了一份强化的中期承诺，重申了其长期目标。已经确定在2024年前关闭28座燃煤电厂中的8座，并在2040年前逐步淘汰煤电
奥地利	2040年	政策宣示	奥地利联合政府在2020年1月宣誓就职，承诺在2040年实现气候中立，在2030年实现100%清洁电力，并以约束性碳排放目标为基础。右翼人民党与绿党合作，同意了这些目标
哥斯达黎加	2050年	提交联合国	2019年2月，总统奎萨达制定了一揽子气候政策，12月向联合国提交的计划确定2050年净排放量为零
丹麦	2050年	法律规定	丹麦政府在2018年制定了到2050年建立"气候中性社会"的计划，该方案包括从2030年起禁止销售新的汽油和柴油汽车，并支持电动汽车。气候变化是2019年6月议会选举的一大主题，获胜的"红色集团"政党在6个月后通过的立法中规定了更严格的排放目标
欧盟	2050年	提交联合国	根据2019年12月公布的"绿色协议"，欧盟委员会正在努力实现整个欧盟2050年净零排放目标，该长期战略于2020年3月提交联合国
斐济	2050年	提交联合国	作为2017年联合国气候峰会COP23的主席，斐济为展现领导力做出了额外努力。2018年，这个太平洋岛国向联合国提交了一份计划，目标是在所有经济部门实现净碳零排放
芬兰	2035年	执政党联盟协议	作为组建政府谈判的一部分，五个政党于2019年6月同意加强该国的气候法。预计这一目标将要求限制工业伐木，并逐步停止燃烧泥炭发电
法国	2050年	法律规定	法国国民议会于2019年6月27日投票将净零目标纳入法律。在2020年6月份的报告中，新成立的气候高级委员会建议法国必须将减排速度提高三倍，以实现碳中和目标
德国	2050年	法律规定	德国第一部主要气候法于2019年12月生效，这项法律的导言说，德国将在2050年前"追求"温室气体中立
匈牙利	2050年	法律规定	匈牙利在2020年6月通过的气候法中承诺到2050年气候中和
冰岛	2040年	政策宣示	冰岛已经从地热和水力发电获得了几乎无碳的电力和供暖，2018年公布的战略重点是逐步淘汰运输业的化石燃料、植树和恢复湿地
爱尔兰	2050年	执政党联盟协议	在2020年6月敲定的一项联合协议中，三个政党同意在法律上设定2050年的净零排放目标，在未来十年内每年减排7%
日本	"21世纪后半叶尽早的时间"	政策宣示	日本政府于2019年6月在主办20国集团领导人峰会之前批准了一项气候战略，主要研究碳的捕获、利用和储存，以及作为清洁燃料来源的氢的开发。值得注意的是，逐步淘汰煤炭的计划尚未出台，预计到2030年，煤炭仍将供应全国四分之一的电力
马绍尔群岛	2050年	提交联合国的自主减排承诺	在2018年9月提交给联合国的最新报告提出了到2050年实现净零排放的愿望，尽管没有具体的政策来实现这一目标

国家	目标日期	承诺性质	具体说明
新西兰	2050年	法律规定	新西兰最大的排放源是农业。2019年11月通过的一项法律为除生物甲烷（主要来自绵羊和牛）以外的所有温室气体设定了净零目标，到2050年，生物甲烷将在2017年的基础上减少24%～47%
挪威	2050/2030	政策宣示	挪威议会是世界上最早讨论气候中和问题的议会之一，努力在2030年通过国际抵消实现碳中和，2050年在国内实现碳中和。但这个承诺只是政策意向，而不是一个有约束力的气候法
葡萄牙	2050年	政策宣示	葡萄牙于2018年12月发布了一份实现净零排放的路线图，概述了能源、运输、废弃物、农业和森林的战略。葡萄牙是呼吁欧盟通过2050年净零排放目标的成员国之一
新加坡	"在21世纪后半叶尽早实现"	提交联合国	与日本一样，新加坡也避免承诺明确的脱碳日期，但将其作为2020年3月提交联合国的长期战略的最终目标。到2040年，内燃机车将逐步淘汰，取而代之的是电动汽车
斯洛伐克	2050年	提交联合国	斯洛伐克是第一批正式向联合国提交长期战略的欧盟成员国之一，目标是在2050年实现"气候中和"
南非	2050年	政策宣示	南非政府于2020年9月公布了低排放发展战略（LEDS），概述了到2050年成为净零经济体的目标
韩国	2050年	政策宣示	韩国总统于2020年10月28日在国会发表演讲时宣布：韩国将在2050年前实现碳中和，能源供应将从煤炭转向可再生能源
西班牙	2050年	法律草案	西班牙政府于2020年5月向议会提交了气候框架法案草案，设立了一个委员会来监督进展情况，并立即禁止新的煤炭、石油和天然气勘探许可证
瑞典	2045年	法律规定	瑞典于2017年制定了净零排放目标，根据《巴黎协定》，将碳中和的时间表提前了五年。至少85%的减排要通过国内政策来实现，其余由国际减排来弥补
瑞士	2050年	政策宣示	瑞士联邦委员会于2019年8月28日宣布，打算在2050年前实现碳净零排放，深化了《巴黎协定》规定的减排70%～85%的目标。议会正在修订其气候立法，包括开发技术来去除空气中的二氧化碳（瑞士是这个领域最先进的试点项目之一）
英国	2050年	法律规定	英国在2008年已经通过了一项减排框架法，因此设定净零排放目标很简单，只需将80%改为100%。议会于2019年6月27日通过了修正案。苏格兰的议会正在制定一项法案，在2045年实现净零排放，这是基于苏格兰强大的可再生能源资源和在枯竭的北海油田储存二氧化碳的能力。预计将于2019年秋季成为法律
乌拉圭	2030年	《巴黎协定》下的自主减排承诺	根据乌拉圭提交联合公约的国家报告，加上减少牛肉养殖、废弃物和能源排放的政策，预计到2030年，该国将成为净碳汇国

3.3.2 中国的碳排放政策

早在2005年我国的"十一五"规划纲要中就提出要节能减排，而我国首次明确提出碳达峰和碳中和的目标是在第七十五届联合国大会一般性辩论上，习近平主席向全世界承诺力争于2030年前达到峰值，2030年单位国内生产总值二氧化碳排放将比2005年下降60%~65%，2060年前实现碳中和的宏远目标。近几年为了实现减少碳排放，我国已采取了包括调整产业结构、优化能源结构等措施，并于2020年底之前实现了我国碳排放强度较2015年下降18.8%，非化石能源占能源消费比重达到15.9%，均超额完成了中国向国际社会承诺的2020年目标。为扎实推进碳达峰行动，确保如期实现碳达峰、碳中和，我国制定了有关碳达峰、碳中和的主要工作节点，如表3-2所示，以及关于碳达峰、碳中和的政策文件，如表3-3所示。

国内主要工作节点 表3-2

时间	会议	内容
2020年9月	第七十五届联合国大会	习近平主席在第七十五届联合国大会一般性辩论上宣布，中国将提高国家自主贡献力度，采取更加有利的政策和措施，二氧化碳排放力争于2030年前达到峰值，努力争取2060年前实现碳中和
2020年10月	中国共产党十九届五中全会	会议对碳排放要求："十四五"时期降低碳排放强度，支持有条件的地方、行业和企业率先达到碳排放峰值。制定二〇三〇年前碳排放达峰行动方案；展望美丽中国：到2035年，广泛形成绿色生产生活方式，碳排放达峰后稳中有降，生态环境质量实现根本性好转，美丽中国目标基本实现
2020年12月	2020年中央经济工作会议	会议将做好碳达峰、碳中和工作作为2021年八大重点工作之一
2021年2月	中央全面深化改革委员会第十八次会议	统筹制定2030年前碳排放达峰行动方案，使发展建立在高效利用资源、严格保护生态环境、有效控制温室气体排放的基础上，推动我国绿色发展迈上新台阶
2021年3月	中央财经委员会第九次会议	会议提出把碳达峰碳中和纳入生态文明建设整体布局
2021年5月	碳达峰碳中和工作领导小组第一次全体会议	中共中央政治局常委、国务院副总理韩正表示：推进碳达峰、碳中和工作，要坚持问题导向，围绕推动产业结构优化、推进能源结构调整、支持绿色低碳技术研发推广、完善绿色低碳政策体系、健全法律法规和标准体系等，压实地方主体责任，发挥好国有企业特别是中央企业的引领作用
2021年12月	2021年中央经济工作会议	会议指出，要正确认识和把握碳达峰碳中和，坚持全国统筹、节约优先、双轮驱动、内外畅通、防范风险的原则。传统能源逐步退出要建立在新能源安全可靠的替代基础上。要科学考核，新增可再生能源和原料用能不纳入能源消费总量控制，创造条件尽早实现能耗"双控"向碳排放总量和强度"双控"转变

时间	政策/文件	内容
2020年12月	《新时代的中国能源发展白皮书》	积极适应国内国际形势的新发展新要求，坚定不移走高质量发展新道路，更好服务经济社会发展，更好服务美丽中国、健康中国建设，更好推动建设清洁美丽世界。提出新时代的中国能源发展，贯彻"四个革命、一个合作"能源安全新战略
2021年	《国务院关于加快建立健全绿色低碳循环发展经济体系的指导意见》	全方位全过程推行绿色规划、绿色设计、绿色投资、绿色建设、绿色生产、绿色流通、绿色生活、绿色消费，使发展建立在高效利用资源、严格保护生态环境、有效控制温室气体排放的基础上，统筹推进高质量发展和高水平保护，建立健全绿色低碳循环发展的经济体系，确保实现碳达峰、碳中和目标，推动我国绿色发展迈上新台阶
2021年3月	《2021年政府工作报告》	提出扎实做好碳达峰、碳中和各项工作。制定2030年前碳排放达峰行动方案。优化产业结构和能源结构。推动煤炭清洁高效利用，大力发展新能源，在确保安全的前提下积极有序发展核电等重点工作任务
2021年	《国务院关于落实〈政府工作报告〉重点工作分工的意见》	提出了生态环境质量进一步改善，单位国内生产总值能耗降低3%左右，主要污染物排放量继续下降的2021年主要预期目标，以及扎实做好碳达峰、碳中和各项工作的要求
2021年3月	《中国国民经济和社会发展第十四个五年规划和2035年远景目标纲要》	在建设现代化基础设施体系、深入实施制造强国战略等多个方面提出绿色发展，产业布局优化和结构调整，力争实现碳达峰、碳中和的目标
2021年10月	《2030年前碳达峰行动方案》	将碳达峰贯穿于经济社会发展全过程和各方面，重点实施能源绿色低碳转型行动、节能降碳增效行动、工业领域碳达峰行动、城乡建设碳达峰行动、交通运输绿色低碳行动、循环经济助力降碳行动、绿色低碳科技创新行动、碳汇能力巩固提升行动、绿色低碳全民行动、各地区梯次有序碳达峰行动等"碳达峰十大行动"
2021年10月	《中共中央、国务院关于完整准确全面贯彻新发展理念做好碳达峰碳中和工作的意见》	把碳达峰、碳中和纳入经济社会发展全局，以经济社会发展全面绿色转型为引领，以能源绿色低碳发展为关键，加快形成节约资源和保护环境的产业结构、生产方式、生活方式、空间格局，坚定不移走生态优先、绿色低碳的高质量发展道路，确保如期实现碳达峰、碳中和

3.3.3 碳达峰与碳中和各省市政策

随着各地"十四五"规划和二〇三五年远景目标建议或者征求意见稿相继公布，多地明确表示要扎实做好碳达峰、碳中和各项工作，制定2030年前碳排放达峰行动方案，优化产业结构和能源结构，推动煤炭清洁高效利用，大力发展新能源。以下汇总了31个省市文件中与"碳达峰""碳中和"的相关部分内容，如表3-4所示。

各省市关于碳达峰、碳中和的"十四五"发展目标和任务及 表3-4
2021年重点工作任务

序号	省市	"十四五"发展目标与任务	2021年重点任务
1	北京	碳排放稳中有降,碳中和迈出坚实步伐,为应对气候变化做出北京示范	坚定不移打好污染防治攻坚战。加强细颗粒物、臭氧、温室气体协同控制,突出碳排放强度和总量"双控",明确碳中和时间表、路线图
2	上海	坚持生态优先、绿色发展,加大环境治理力度,加快实施生态惠民工程,使绿色成为城市高质量发展最鲜明的底色	启动第八轮环保三年行动计划。制定实施碳排放达峰行动方案,加快全国碳排放权交易市场建设
3	天津	扩大绿色生态空间,强化生态环境治理,推动绿色低碳循环发展,完善生态环境保护机制体制	加快实施碳排放达峰行动。制定实施碳排放达峰行动方案,持续调整优化产业结构、能源结构,推动钢铁等重点行业率先达峰和煤炭消费尽早达峰,大力发展可再生能源,推进绿色技术研发应用。积极对接全国碳排放权交易市场,完善能源消费双控制度,协同推进减污降碳,实施工业污染排放双控,推动工业绿色转型
4	重庆	探索建立碳排放总量控制制度,实施二氧化碳排放达峰行动,采取有力措施推动实现2030年前二氧化碳排放达峰目标。开展低碳城市、低碳园区、低碳社区试点示范,推动低碳发展国际合作,建设一批零碳示范园区	完善基础设施网络。能源网,提速实施渝西天然气输气管网工程,扩大"陕煤入渝"规模,提升"北煤入渝"运输通道能力,争取新增三峡电入渝配额,推动川渝电网一体化发展,推进"疆电入渝",加快栗子湾抽水蓄能电站等项目前期工作
5	云南	采取一切有效措施,降低碳排放强度,控制温室气体排放,增加森林和生态系统碳汇,积极参与全国碳排放交易市场建设,科学谋划碳排放达峰和碳中和行动	加快国家大型水电基地建设,推进800万kW风电和300万kW光伏项目建设,培育氢能和储能产业,发展"风光水储"一体化,可再生能源装机达到9500万kW左右,完成发电量4050亿kWh
6	贵州	积极应对气候变化,制定贵州省2030年碳排放达峰行动方案,降低碳排放强度,推动能源、工业、建筑、交通等领域低碳化	规范发展新能源汽车,培育发展智能网联汽车产业。公共领域新增或更新车辆新能源汽车比例不低于80%,加强充电桩建设
7	广西	持续推进产业体系、能源体系和消费领域低碳转型,制定二氧化碳排放达峰行动方案。推进低碳城市、低碳社区、低碳园区、低碳企业等试点建设,打造北部湾海上风电基地,实施沿海清洁能源工程	推动传统产业生态化绿色化改造,打造绿色工厂20个以上,加快六大高耗能行业节能技改。规划建设智慧综合能源站
8	江西	严格落实国家节能减排约束性指标,制定实施全省2030年前碳排放达峰行动计划,鼓励重点领域、重点城市碳排放尽早达峰。坚持"适度超前、内优外引、以电为主、多能互补"的原则,加快构建安全、高效、清洁、低碳的现代能源体系。积极稳妥发展光伏、风电、生物质能等新能源,力争装机达到1900万kW以上	加快充电桩、换电站等建设,促进新能源汽车消费。建成大唐新余电厂二期、南昌至长沙特高压交流工程、奉新抽水蓄能电站

序号	省市	"十四五"发展目标与任务	2021年重点任务
9	江苏	大力发展绿色产业,加快推动能源革命,促进生产生活方式绿色低碳转型,力争提前实现碳达峰,充分展现美丽江苏建设的自然生态之美、城乡宜居之美、水韵人文之美、绿色发展之美	制定实施二氧化碳排放达峰及"十四五"行动方案,加快产业结构、能源结构、运输结构和农业投入结构调整,扎实推进清洁生产,发展壮大绿色产业,加强节能改造管理,完善能源消费双控制度,提升生态系统碳汇能力,严格控制新上高耗能、高排放项目,加快形成绿色生产生活方式,促进绿色低碳循环发展
10	浙江	推动绿色循环低碳发展,坚决落实碳达峰、碳中和要求,实施碳达峰行动,大力倡导绿色低碳生产生活方式,推动形成全民自觉,非化石能源占一次能源比重提高到24%,煤电装机占比下降到42%	启动实施碳达峰行动。编制碳达峰行动方案,开展低碳工业园区建设和"零碳"体系试点。大力调整能源结构、产业结构、运输结构,大力发展新能源,优化电力、天然气价格市场化机制,落实能源"双控"制度,非化石能源占一次能源比重提高到20.8%,煤电装机占比下降2个百分点;加快淘汰落后和过剩产能,腾出用能空间180万t标煤。加快推进碳排放权交易试点
11	安徽	强化能源消费总量和强度"双控"制度,提高非化石能源比重,为2030年前碳排放达峰赢得主动	制定实施碳排放达峰行动方案。严控高耗能产业规模和项目数量。推进"外电入皖",全年受进区外电260亿kW以上。推广应用节能新技术、新设备,完成电能替代60亿kW。推进绿色储能基地建设。建设天然气主干管道160km,天然气消费量扩大到65亿m³。扩大光伏、风能、生物质能等可再生能源应用,新增可再生能源发电装机100万kW以上。提升生态系统碳汇能力,完成造林140万亩
12	河北	制定实施碳达峰、碳中和中长期规划,支持有条件市县率先达峰。开展大规模国土绿化行动,推进自然保护地体系建设,打造塞罕坝生态文明建设示范区。强化资源高效利用,建立健全自然资源资产产权制度和生态产品价值实现机制	推动碳达峰、碳中和。制定省碳达峰行动方案,完善能源消费总量和强度"双控"制度,提升生态系统碳汇能力,推进碳汇交易,加快无煤区建设,实施重点行业低碳化改造,加快发展清洁能源,光电、风电等可再生能源新增装机600万kW以上,单位GDP二氧化碳排放下降4.2%
13	内蒙古	建设国家重要能源和战略资源基地、农畜产品生产基地,打造我国向北开放重要桥头堡,走出一条符合战略定位、体现内蒙古特色、以生态优先、绿色发展为导向的高质量发展新路子	做好碳达峰、碳中和工作,编制自治区碳达峰行动方案,协同推进节能减污降碳。做优做强现代能源经济,推进煤炭安全高效开采和清洁高效利用,高标准建设鄂尔多斯国家现代煤化工产业示范区
14	青海	碳达峰目标、路径基本建立。开展绿色能源革命,发展光伏、风电、光热、地热等新能源,打造具有规模优势、效率优势、市场优势的重要支柱产业,建成国家重要的新型能源产业基地	着力推进国家清洁能源示范省建设,重启玛尔挡水电站建设,改扩建拉西瓦、李家峡水电站,启动黄河梯级电站大型储能项目可行性研究。继续扩大海南、海西可再生能源基地规模,推进青豫直流二期落地,加快第二条青电外送通道前期工作

序号	省市	"十四五"发展目标与任务	2021年重点任务
15	宁夏	制定碳排放达峰行动方案,推动实现减污降碳协同效应。全链条布局清洁能源产业。坚持园区化、规模化发展方向,围绕风能、光能、氢能等新能源产业,高标准建设新能源综合示范区。到2025年,全区新能源电力装机力争达到4000万kW	实行能源总量和强度"双控",推广清洁生产和循环经济,推进煤炭减量替代,加大新能源开发利用
16	西藏	加快清洁能源规模化开发,形成以清洁能源为主、油气和其他新能源互补的综合能源体系。加快推进"光伏+储能"研究和试点,大力推动"水风光互补",推动清洁能源开发利用和电气化走在全国前列,2025年建成国家清洁可再生能源利用示范区	能源产业投资完成235亿元,力争建成和在建电力装机1300万kW以上。推进金沙江上游、澜沧江上游千万千瓦级水光互补清洁能源基地建设。加快统一电网规划建设,推进藏中电网500千伏回路、金沙江上游电力外送、川藏铁路建设电力保障、青藏联网二回路电网工程,实现电力外送超过20亿kW。全力加快雅鲁藏布江下游水电开发前期工作,力争尽快开工建设。
17	新疆	力争到"十四五"末,全区可再生能源装机规模达到8240万kW,建成全国重要的清洁能源基地。立足新疆能源实际,积极谋划和推动碳达峰、碳中和工作,推动绿色低碳发展	着力完善各等级电压网架,加快750千伏输变电工程建设,推进"疆电外送"第三通道建设,推进阜康120万kW、哈密120万kW抽水蓄能电站建设,推进农村电网改造升级,提高供电可靠性
18	山西	绿色能源供应体系基本形成,能源优势特别是电价优势进一步转化为比较优势、竞争优势	实施碳达峰、碳中和山西行动。把开展碳达峰作为深化能源革命综合改革试点的牵引举措,研究制定行动方案
19	辽宁	围绕绿色生态,单位地区生产总值能耗、二氧化碳排放达到国家要求。围绕安全保障,提出能源综合生产能力达到6133万t标准煤	开展碳排放达峰行动。科学编制并实施碳排放达峰行动方案,大力发展风电、光伏等可再生能源,支持氢能规模化应用和装备发展。建设碳交易市场,推进碳排放权市场化交易
20	吉林	巩固绿色发展优势,加强生态环境治理,加快建设美丽吉林	启动二氧化碳排放达峰行动,加强重点行业和重要领域绿色化改造,全面构建绿色能源、绿色制造体系,建设绿色工厂、绿色工业园区,加快煤改气、煤改电、煤改生物质,促进生产生活方式绿色转型
21	黑龙江	要推动创新驱动发展实现新突破,争当共和国攻破更多"卡脖子"技术的开拓者	落实碳达峰要求。因地制宜实施煤改气、煤改电等清洁供暖项目,优化风电、光伏发电布局。建立水资源刚性约束制度
22	福建	深入贯彻习近平生态文明思想,持续实施生态省战略,围绕碳达峰、碳中和目标,全面树立绿色发展导向,构建现代环境治理体系,努力实现生态环境更优美	创新碳交易市场机制,大力发展碳汇金融。开发绿色能源,完善绿色制造体系,加快建设绿色产业示范基地,实施绿色建筑创建行动。促进绿色低碳发展。制定实施二氧化碳排放达峰行动方案,支持厦门、南平等地率先达峰,推进低碳城市、低碳园区、低碳社区试点

序号	省市	"十四五"发展目标与任务	2021年重点任务
23	山东	打造山东半岛"氢动走廊",大力发展绿色建筑。降低碳排放强度,制定碳达峰碳中和实施方案	加快建设日照港岚山港区30万t级原油码头三期工程。抓好沂蒙、文登、潍坊、泰安二期抽水蓄能电站建设。压减一批焦化产能。严格执行煤炭消费减量替代办法,深化单位能耗产出效益综合评价结果运用,倒逼能耗产出效益低的企业整合出清。推进青岛中德氢能产业园等建设
24	河南	构建低碳高效的能源支撑体系,实施电力"网源储"优化、煤炭稳产增储、油气保障能力提升、新能源提质工程,增强多元外引能力,优化省内能源结构。持续降低碳排放强度,煤炭占能源消费总量比重降低5个百分点左右	大力推进节能降碳。制定碳排放达峰行动方案,探索用能预算管理和区域能评,完善能源消费双控制度,建立健全用能权、碳排放权等初始分配和市场化交易机制
25	湖北	推进"一主引领、两翼驱动、全域协同"区域发展布局,加快构建战略性新兴产业引领、先进制造业主导、现代服务业驱动的现代产业体系,建设数字湖北,着力打造国内大循环重要节点和国内国际双循环战略链接	研究制定省碳达峰方案,开展近零碳排放示范区建设。加快建设全国碳排放权注册登记结算系统。大力发展循环经济、低碳经济,培育壮大节能环保、清洁能源产业。推进绿色建筑、绿色工厂、绿色产品、绿色园区、绿色供应链建设。加强先进适用绿色技术和装备研制制造、产业化及示范应用
26	湖南	落实国家碳排放达峰行动方案,调整优化产业结构和能源结构,构建绿色低碳循环发展的经济体系,促进经济社会发展全面绿色转型。加快构建产权清晰、多元参与、激励约束并重的生态文明制度体系	加快推动绿色低碳发展。发展环境治理和绿色制造产业,推进钢铁、建材、电镀、石化、造纸等重点行业绿色转型,大力发展装配式建筑、绿色建筑。支持探索零碳示范创建
27	广东	打造规则衔接示范地、高端要素集聚地、科技产业创新策源地、内外循环链接地、安全发展支撑地,率先探索有利于形成新发展格局的有效路径	落实国家碳达峰、碳中和部署要求,分区域分行业推动碳排放达峰,深化碳交易试点。加快调整优化能源结构,大力发展天然气、风能、太阳能、核能等清洁能源,提升天然气在一次能源中占比。研究建立用能预算管理制度,严控新上高耗能项目
28	海南	提升清洁能源、节能环保、高端食品加工等三个优势产业。清洁能源装机比重达80%左右,可再生能源发电装机新增400万kW。清洁能源汽车保有量占比和车桩比达到全国领先	研究制定碳排放达峰行动方案。清洁能源装机比重提升至70%,实现分布式电源发电量全额消纳
29	四川	单位地区生产总值能源消耗、二氧化碳排放降幅完成国家下达目标任务,大气、水体等质量明显好转,森林覆盖率持续提升;粮食综合生产能力保持稳定,能源综合生产能力显著增强,发展安全保障更加有力	制定二氧化碳排放达峰行动方案,推动用能权、碳排放权交易。持续推进能源消耗和总量强度"双控",实施电能替代工程和重点节能工程。倡导绿色生活方式,推行"光盘行动",建设节约型社会,创建节约型机关

序号	省市	"十四五"发展目标与任务	2021年重点任务
30	陕西	生态环境质量持续好转，生产生活方式绿色转型成效显著，三秦大地山更绿、水更清、天更蓝	推动绿色低碳发展。加快实施"三线一单"生态环境分区管控，积极创建国家生态文明试验区。开展碳达峰、碳中和研究，编制省级达峰行动方案。积极推行清洁生产，大力发展节能环保产业，深入实施能源消耗总量和强度双控行动，推进碳排放权市场化交易
31	甘肃	用好碳达峰、碳中和机遇，推进能源革命，加快绿色综合能源基地建设，打造国家重要的现代能源综合生产基地、储备基地、输出基地和战略通道。坚持把生态产业作为转方式、调结构的主要抓手，推动产业生态化、生态产业化，促进生态价值向经济价值转化增值，加快发展绿色金融，全面提高绿色低碳发展水平	编制省碳排放达峰行动方案。鼓励甘南开发碳汇项目，积极参与全国碳市场交易。健全完善全省环境权益交易平台

3.4 "双碳"与绿色建造

3.4.1 建筑业的能耗排放现状

随着全球城市化进程加速，建筑面积随即迅猛增长，大规模建造建筑以及大量生产建筑材料必然导致巨大的能源消耗。如图3-6所示，2019年，我国建筑总面积为726.5亿 m^2，相比2010年增长近0.5倍，其中城镇居住建筑面积为337亿 m^2，农村居住建筑面积为253.5亿 m^2，公共建筑面积为136亿 m^2。

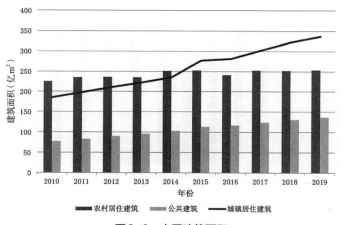

图3-6　中国建筑面积

据我国建筑节能协会建筑能耗与碳排放数据专委会发布的《2021中国建筑能耗与碳排放研究报告：省级建筑碳达峰形势评估》，2019年全国建筑全过程能耗总量为22.33亿t标准煤，占全国能耗总量的45.8%；2019年全国建筑全过程碳排放总量为49.97亿t二氧化碳，占全国碳排放总量的50.6%。其测算方法如图3-7所示。

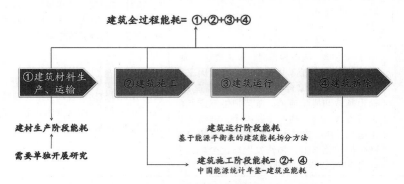

图3-7　建筑全过程能耗与碳排放测算方法体系

注：图中建筑施工阶段能耗＝建筑施工＋建筑拆除能耗，本节选用的数据库是根据图中测算体系测算的，拆除阶段能耗已并入施工阶段并在施工阶段说明施工活动包括建筑物拆除，故下文没有对拆除阶段进行单独分析。

（1）建筑材料生产、运输阶段

建筑材料的种类众多，大致涉及2000多种产品，其中很多都需要经过煅烧、熔融、焙烧等程序加工处理且消耗大量能源，例如混凝土、玻璃、隔热墙体材料。制造混凝土的核心原材料之一便是水泥。水泥是建筑建造过程中一种关键的黏合剂，必须在极高的温度下才可以形成，而且制作过程中会通过化学反应生成二氧化碳，也是工业行业碳排放大户。2010—2019年中国建筑建材生产阶段能耗及碳排放如图3-8所示。

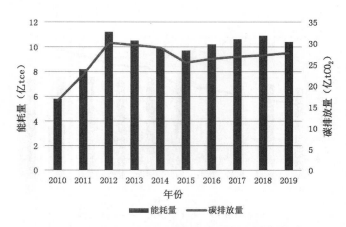

图3-8　2010—2019年我国建材生产阶段能耗量及碳排放量

（2）建筑施工阶段

建筑施工活动包括新建筑建造、老旧建筑维护改良以及建筑物拆除，这三部分活动都会计入建筑业能耗，所产生的二氧化碳属于建筑施工阶段碳排放的直接来源。此外，与建筑施工活动相关的材料、废料运输的能源消耗也被计入建筑施工能耗之中，所产生的二氧化碳属于建筑施工阶段碳排放的间接来源。2010—2019年我国建筑施工阶段能耗及碳排放如图3-9所示。近几年，虽然我国建筑施工能耗总体呈现不断上升的趋势，但是单位建造面积碳排放量则表现出逐年下降的特征，这是由于我国不断优化改善建筑施工流程，更新升级技术设备，从而在一定程度上减少了建筑施工环节碳排放。

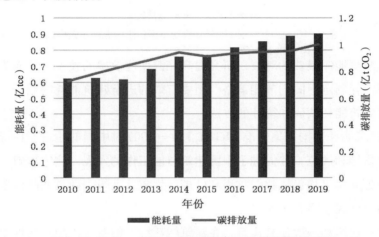

图3-9　2010—2019年我国建筑施工阶段能耗及碳排放

（3）建筑运行阶段

建筑运行能耗是指建筑在使用过程中所消耗的能源。我们在建筑内部使用供热制冷设备、通风系统、空调、热水供应系统、照明设备、炊事设施、家用电器、办公设备等机电设备，它们在运行过程中都会产生大量的碳排放。由于建筑运行所依赖的能源主要是煤炭和传统电力，燃烧煤炭会产生大量的二氧化碳，而以火电为主的电力在生产阶段中产生的二氧化碳也间接增加了建筑运行阶段的碳排放量。2010—2019年我国建筑运行阶段能耗及碳排放如图3-10所示。

3.4.2 建筑低碳评价方法

（1）调研和统计

建筑能耗统计不仅能对能耗现状提供数据支撑，还能有效地指导建筑节能发

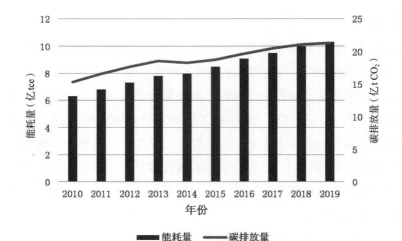

图3-10 2010—2019年我国建筑运行阶段能耗及碳排放

展，如找出减少能源浪费的对策，研究提高能源使用效率的技术，从而为降低各类建筑的能源消耗制定不同的节能策略。而要有效的进行建筑能耗的调研和统计，就必须先了解建筑能耗调研和统计的方法。

《民用建筑能耗数据采集标准》JGJ/T 154—2007对中国的建筑能耗统计工作给出了有效的指导和规范，并促进了中国建筑节能工作的发展。住宅建筑、普通公共建筑和大型公共建筑均包括数据收集和处理、生成统计报表两方面的内容，但能耗统计方法和统计程序略有不同。

对于居住建筑和一般公共建筑，在建筑能耗统计的基层组织与统计单位所在的县、县级市、旗、区范围内采用分类随机抽样的方法确定建筑能耗统计的样本量和样本；对于大型公共建筑，在建筑能耗统计的基层组织与统计单位所在的县、县级市、旗、区范围内采用普查的方法进行建筑能耗统计。

此外，建筑能耗统计报表是按逐级上报的方法生成的，即建筑能耗统计的基层组织与统计单位，对原始的建筑能耗统计数据进行处理，生成各类建筑的单位建筑面积能耗和总能耗统计报表，然后国家、省、市三级建筑能耗统计部门，对下级的建筑能耗统计报表数据进行处理，生成各级各类建筑的单位建筑面积能耗和总能耗统计报表。美国的能源统计方法也包括数据收集处理和生成统计报表两方面。但是，美国的能耗统计数据源信息公示系统更加透明，所有相关的数据都能在美国能源信息署的官网下进行下载，包括调研方法、原始问卷、调研结果等。相反的，中国的调研报告并不对外公布，因此，有必要提高中国能耗统计的信息公示系统的透明性。

张蓓红等人分别采用建筑能耗实际抽样调查统计分析法与现行能源统计模式调

整计算法对上海建筑能耗进行统计分析研究，结果表明这两种统计方法均可作为测算上海建筑能耗的方法。

（2）模型

近年来，一些组织和研究机构从不同的角度建立模型，采用计算的方法对中国中长期建筑能源需求进行了详细分析，其中，清华大学的中国建筑能耗模型（CBEM）和劳伦斯伯克利实验室的能耗情景分析软件（LEAP）就是被广泛应用的两种模型。

CBEM模型（China Building Energy Model）是通过能耗强度和数量进行自下而上的计算，并由统计数据进行宏观验证的中国建筑能耗模型。它考虑了气候、经济水平、技术水平和生活方式等因素对建筑能耗的影响，对我国的建筑能耗进行树形结构的多层分类方式。该模型以年为尺度、以省级行政单位为单位，根据各类建筑能耗特点，对建筑进行分类、分级统计。模型分为5个计算模块：建筑和使用者数量模块、北方城镇供暖用能、城镇居住建筑用能（不包括北方供暖）、公共建筑用能（不包括北方供暖）、农村居住建筑用能。通过自下而上的微观模型，CEBM可以计算出每年各类建筑的能耗情况，且CEBM的计算结果由宏观统计数据验证，保证了模型计算结果的合理性和可靠性。

LEAP模型（Long-range Energy Alternatives Planning System），即长期能源替代规划系统，是由瑞典斯德哥尔摩研究所和美国波士顿Tellus研究所共同开发的一种基于情景分析的能源-环境核算工具。LEAP模型不仅可以涵盖能源供应、能源加工转换、终端能源需求并分部门分能源品种进行能源需求预测，还能进行相应大气污染物和温室气体排放量计算，是用于综合能源规划和减缓气候变化的分析软件。LEAP模型运行灵活且数据输入方便透明，可以分层次依据能源强度进行分析预测，目前已有众多国内外学者利用LEAP模型进行了能源预测和温室气体排放相关研究。在中国，国家发展和改革委员会能源研究所运用LEAP分析了中国未来的建筑能耗发展情况和节能潜力。这些研究为中国制定能源政策和能源规划提供了有力的支撑。

（3）建筑能耗模拟软件

自20世纪70年代以来，信息技术的快速发展极大地推动了建筑节能分析的研究，如模拟整栋建筑物的能源负荷已经得以实现。此外，各国学者开发了大量的建筑能源分析软件，这些软件能帮助设计师解决复杂的设计问题，量化建筑能耗，并优化建筑能耗特性。这些软件的应用范围较为广泛，如某些软件通过计算流体力学（CFD）来详细地模拟每小时的建筑能耗，而某些软件只能进行简单的分析。在中国，从20世纪70年代中期以来，中国的科研工作者引进了国外相关的研究成果，研究开发了适用于中国的建筑节能软件。目前在中国主流的建筑能耗模拟软件主要有DOE-2、EnergyPlus、TRNSYS和DeST，其开发单位及主要应用范围如表3-5所示。

建筑能耗模拟软件的开发单位及应用 表3-5

工具	开发单位	应用
DOE-2	劳伦斯伯克利实验室	住宅建筑和商业建筑能源特性
EnergyPlus	美国能源部	建筑能源特性模拟与负荷计算
TRNSYS	威斯康辛大学	建筑能源特性与负荷计算
DeST	清华大学	建筑模拟，建筑热环境分析

DOE-2在建筑能耗模拟软件发展的历史上具有重大意义。DOE-2是公认的最权威、最经典的建筑模拟软件之一，被很多能耗模拟软件，如eQUEST、EnergyPlus、CHEC和PowerDOE等借鉴和引用。DOE-2可用于计算分析整幢建筑物每小时的能源消耗，也可用于计算系统运行过程中的能效和总费用，还可以用来分析围护结构（包括屋顶、外墙、外窗、地面、楼板、内墙等）、空调系统，电器设备和照明对能耗的影响。DOE-2的功能非常全面而强大，经过了无数工程的实践检验，是国际上公认的比较准确的能耗分析软件，而且该软件是免费软件，使用人数和范围非常广泛。

EnergyPlus吸收了DOE-2和BLAST的优点，被认为是用来替代DOE-2的新一代的建筑能耗分析软件，能精确地处理较为复杂的各类建筑。EnergyPlus在进行系统模拟时，能根据用户所定义的时间步长及建筑的物理构造，对建筑的冷热负荷进行独立的模拟分析。虽然EnergyPlus在DOE-2的基础上有很大的改进，但它本身还是立足于建筑模拟，其处理系统的能力偏弱，而且它对暖通空调系统控制方式的模拟能力较弱，它通常假定设备的调节为理想化的连续调节，这对于设备部分负荷运行时的模拟是不太准确的。

TRNSYS即瞬时系统模拟程序，该系统认为所有热传输系统均由若干个细小的系统（即模块）组成，一个模块实现一种特定的功能，如热水器模块，单温度场分析模块、太阳辐射分析模块、输出模块等。它采用"黑盒子"技术封装了计算方法，使得用户把主要精力放在模块的输入和输出上，而不是组件的内部。这些模块可以很方便地搭建组成各种复杂系统。所以TRNSYS被认为是建筑能耗模拟软件中模拟系统最灵活的软件之一。

DeST是建筑环境及HVAC系统模拟的软件平台，该平台将现代模拟技术运用到建筑环境的模拟和HVAC系统的模拟中去，为建筑环境的相关研究和建筑环境的模拟预测、性能评估提供了方便实用可靠的软件工具。DeST模拟设计时采用建筑负荷计算、空调系统模拟、AHU（Air Handing Unit）方案模拟、风网和冷、热源模拟的步骤，完全符合设计的习惯，对设计有很好的指导作用。与其他三种模拟软件相比，DeST的全中文界面，使得其应用比较广泛。如在《绿色奥运建筑评估体系》编写过程中，DeST作为模拟计算工具，在建筑主体节能评估方法研究以及最后的指标确定，提供了大量的具有实际意义的数据。

3.4.3 建筑建造阶段相关节能减排路径

建筑建造阶段的能耗主要产生于建筑建造需求所导致的原材料开采、建材生产、运输以及现场施工。

（1）研发绿色建筑材料

建筑材料是土木工程建设的基础，合理地使用建筑材料，充分发挥材料的性能不仅对建筑工程的安全、实用、美观、舒适等有重要影响，并且还会对自然环境产生很大的影响。因此，随着人们对环境保护和可持续发展越来越重视，绿色建材也得到了更加广泛的使用，成为当代建筑材料发展的一大趋势。目前，我国的绿色建筑材料主要有生态水泥、高性能混凝土、节能玻璃、新型保温材料等。

1）生态水泥

生态水泥（Ecological Cement）是指把城市的垃圾焚烧灰以及污水污泥等一些废弃物作为主要的原料，再添加一些其他的辅助材料，经过煅烧研磨形成一种新的液压胶结材料。生态水泥相比传统水泥的生产来说，可以有效合理地处理城市垃圾和工业废弃，并减少有害气体和有害尘埃的排放。此外，生态水泥具有更高的强度和耐腐蚀性，其相关产品还可以进行循环利用。

2）高性能混凝土

在《高性能混凝土评价标准》JGJ/T 385—2015中，高性能混凝土（High Performance Concrete）是指以建设工程设计、施工和使用对混凝土性能特定要求为总体目标，选用优质常规原材料，合理掺加外加剂和矿物掺合料，采用较低水胶比并优化配合比，通过预拌和绿色生产方式以及严格的施工措施，制成具有优异的拌合物性能、力学性能、耐久性能和长期性能的混凝土。

3）节能玻璃

节能玻璃（Energy-saving Glass）最突出的特点是拥有更好的隔热保温材料。近年来，我国借鉴国外发达国家的有效经验，研究和开发了一系列节能玻璃，成功实现了工程项目应用，主要产品包括吸热玻璃、热反射玻璃、低辐射玻璃和中空玻璃等。此外，选择玻璃的品种合适与否对减少能源损耗有很大影响，采购者在选择玻璃时，要充分考虑玻璃的使用位置、当地的日照情况、气候变化规律等因素。太阳照射时间长且使用位置处于迎光面时可采用吸热玻璃以控制空调的使用，减少能源的消耗，寒冷地区的玻璃可选择控制热传导的中空玻璃。只有因地制宜选择合适的玻璃，才能最大程度上减少能源损耗，实现节能目的。

4）新型保温材料

与传统的保温建筑材料相比，新型保温材料的优点如下：原材料具有较强的环保性，生产过程中不添加汞、铬、镍及其他重金属，并严格限制甲醛、卤化物、芳烃和其他有害物质的使用；新型保温材料符合生产工艺过程零污染、低能耗的原则；使用过程中理化性质稳定，释放毒害物质非常少，能够符合国家相关建筑环保标准。新型的保温建筑材料不但具有较强的环保性，同时也便于回收利用，可以实现建筑废弃物的资源化处理，比如像保温玻璃、保温绝热板都能二次加工利用，很大程度上降低了资源的浪费。

（2）加强可持续设计理念和信息化设计理念

设计是决定一个土木工程的蓝图。一个土木工程的规划和形式，以及所用材料、结构，基本都在设计阶段确定，而运营维修以及未来的拆除也与设计阶段的选择有非常重要的相关性。因此，设计阶段的方案，对土木工程的可持续性具有重要影响。

1）可持续设计

1991年，在进行2000年汉诺威世博会规划时，德国政府要求设计师采用可持续的原则来指导世博会建筑的设计，形成了著名的汉诺威可持续设计准则（The Hannover Principles—Design for Sustainability）。汉诺威可持续设计准则，对以后土木工程可持续设计产生了深远的影响。

过去几十年，国际上开发了许多土木工程可持续评价系统，如评价绿色建筑的英国建筑研究组织环境评价法（BREEAM）、美国环境设计计划（LEED）、日本建筑物综合环境性能评价体系（CASBEE）、加拿大绿色建筑挑战（SBTOOL）、澳大利亚（NABERS）、德国的DGNB、法国高品质环境评价体系（HQE）、新加坡"绿色建筑标志"（Green Mark）和中国的《绿色建筑评价标准》（CASGB）等，评价交通基础设施的Envision等，这些评价标准提出的节能、节地、节水、节材和环境保护（"四节一环保"）的评价内容，促进了建筑和基础设施的可持续设计。

可持续建筑设计充分考虑了人与自然、建筑与周围环境的关系，使建筑在修建的过程中能有效地节地、节材、节能。可持续建筑作为一个整体系统能高效优化建筑各个部分的能源消耗，建成后的建筑在运营过程中具备节气、节水、节电等特性。因此，可持续理念指导下的设计明显可以减少建筑整体能耗，更能促进城市整体能耗的降低。目前，最重要的是加强可持续设计理念并通过具体标准和要求把这些设计理念落实到实际设计中。

2）推广BIM技术在设计中的应用

BIM（Building Information Modeling）技术是创建并利用数字化模型对建设项目进行设计、建造和运营全过程管理优化的方法和工具。BIM不仅仅是一个单一的建模技术，而是建立了一个土木工程全生命周期各阶段、各专业的协同平台，在项目策划、运行和维护的全生命周期过程中进行信息共享和传递，使工程技术人员对各种建筑信息做出正确理解和高效应对，为设计团队以及包括运营单位在内的各方建设主体提供协同工作的基础，在提高生产效率、节约成本和缩短工期方面发挥重要作用。

在原始二维状态下运用CAD方法设计建筑物时，图纸中不包含构建的特性，用点、线、面的形式加以表现，以二维形态的图纸呈现在大众眼前，项目业主及相关单位应从不同的角度出发测算经济收益并优化对应的设计方案，相关单位应重新绘制二维图纸以此进行测算，结合测算软件建立模型，建模周期较长，需要投入较多的时间和人力资源。BIM技术的推出为设计阶段注入了新的活力，运用BIM技术的环境下，设计软件导出BIM数据，相关单位借助此条件下的三维软件测量平台，导入各自专业所需的BIM数据，便能在算量软件中建立建筑模型，缩短建模的时间周期，将工程量精确的计算出来，从而推算出项目耗费的成本，假如需要修改设计的方案，调整设计的方案之后，再次把新设计方案背景下的BIM数据导入，即可直接得到修改后的项目成本数值。

与发达国家比较而言，中国BIM研究和应用工作总体滞后，非常需要政府的引导支持。2011年5月，住房城乡建设部发布的《2011～2015年建筑业信息化发展纲要》中明确指出信息化建设是建筑行业产业升级的重要推动力。2012年1月，住房和城乡建设部发布了《关于印发2012年工程建设标准规范制订修订计划的通知》，制定了五项BIM相关标准的制订计划。当然在政府之外，还需要设计与施工单位以及学术界提高认识，一起努力共同推动BIM应用向前发展。BIM技术势将带来土木工程设计与施工一次技术性革命，中国应该抓住机会促进土木工程可持续发展。

（3）因地制宜降低建筑能源内耗

因地制宜在建筑行业的实现关键是尽可能使用简单的技术来降低建筑能源消耗，通过利用当地的自然资源、当地的传统知识和材料、建筑自身特点和当地的气候条件实现节能目的。我国古代的建筑都能够以此来适应当地的气候，例如徽派建筑以及岭南建筑，建筑的天井设计得很小，四周又有阁楼围合，能够形成自然的通风廊道，让酷暑的日子不再闷热。

近些年的建筑实践中也出现过一些错误，走过一些弯路。国内许多建筑逐渐倾向于邀请国外建筑师到我国来参与或主导建筑设计。由于一些建筑师沿用他们自己国家适用的方法和风格，忽略了我国当地的气候和自然条件，就造成了能源高耗低用，设计出的建筑"中看不中用"，违背了因地制宜、绿色环保的初衷。

（4）推广装配式施工技术

施工作为建筑和基础设施全寿命周期中的一个重要阶段，是实现土木工程资源节约和节能减排的关键环节。通过多种措施，促进施工向绿色化方向发展，对推动土木工程的可持续具有重要影响。

装配式建筑是在施工阶段对施工技术与装配式混凝土技术进行融合，将各混凝土构件在现场内进行装配及加强，对梁体、柱体、板等构件的制造，利用大面积的结构拼装进行连接，在装配构件运输的过程中，要选用专用的运输车辆，做好管理工作，在指定的施工区域进行拼装与吊装。同时，各个预制混凝土构件运输的地点，要对预留插筋与孔洞进行合理配置，增强整个建筑的稳定性与安全性。与现浇式建筑相比，装配式建筑施工方式在建材生产及施工阶段碳排放量均有一定程度的节约，具有节能、环保、工期短等优点。

中国近些年来，在北京、上海、深圳等一些城市，积极探索建筑产业化的发展路径，取得了一些突破，积累了一些经验，但要想进一步发展还有很多工作需要加强。虽然装配式混凝土建筑减少了对劳动力的过度依赖，但是对施工技术熟练而稳定的工人、先进智能的施工机械、项目管理以及组织策划的要求变得更高。高校、科研院所应该与设计单位、施工单位以及构件生产企业密切合作，深入进行装配式混凝土建筑安全性能、舒适性能的研究，并建立相关技术标准体系，从经济、环境、人文的角度，进行装配式混凝土建筑设计技术的评价。要推进装配式技术在施工中的应用，需要政府发挥指导作用，建立推广装配式建筑体系的构配件工业化生产、专业化施工安装的管理体系，同时出台支持性财政、税收和金融等政策和法规。

3.4.4 建筑运行阶段相关节能减排路径

（1）推进可再生能源的利用

将可再生能源应用于建筑中，是实现建筑绿色低碳发展的关键环节。

1）"光储直柔"新型能源系统

近年来，随着光伏发电装置的广泛应用，在建筑当中实现"光伏发电、储能蓄电、直流供电、柔性用电"成为可能。"光储直柔"新型能源系统是建筑运行阶段实现2060碳中和目标的一个重要路径，同时，该系统也可助力建筑成为灵活消纳可再生能源电力的重要组成部分。在"光储直柔"新型能源系统中，"光"是充分利用建筑表面发展光伏发电；"储"就是蓄电池，包括电动汽车内的蓄电池和建筑内部的蓄电池，为建筑形成比较大的蓄电能力，来解决移峰调节问题；"直"是指建筑内部的直流配电系统，通过对直流电压的控制，调节建筑内部用电设备的用电功率，从而实现"柔"；"柔"是柔性用电，使建筑用电成为弹性负载，电网取电曲线和建筑用电曲线解耦，让建筑用电不再是刚性负载。如图3-11所示。

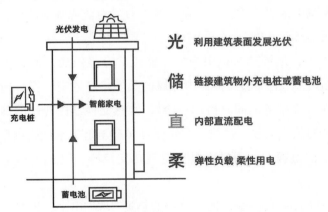

图3-11 "光储直柔"新型能源系统

2）地源热泵技术

地源热泵是一种利用地下浅层地热资源既能供热又能制冷的高效节能环保型空调系统。地源热泵通过输入少量的高品位能源（电能），即可实现能量从低温热源向高温热源的转移。热泵作为高效利用可再生能源的技术手段，可同时供热供冷，还可以供应生活热水，能完美匹配近零能耗建筑的需求。地源热泵原理如图3-12所示。

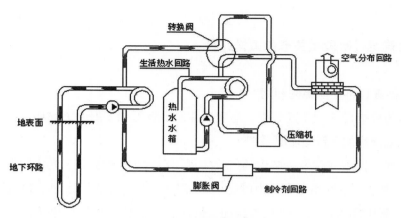

图3-12 地源热泵原理图

①冬季制热

在制热状态下，地源热泵机组内的压缩机对冷媒做功，并通过四通阀将冷媒流动方向换向。由地下的水路循环吸收地下水或土壤里的热量，通过冷媒/水热交换器内冷媒的蒸发，将水路循环中的热量吸收至冷媒中，在冷媒循环的同时再通过冷媒/空气热交换器内冷媒的冷凝，由空气循环将冷媒所携带的热量吸收。在地下的热量不断转移至室内的过程中，以强制对流、自然对流或辐射的形式向室内供暖。

②夏季制冷

在制冷状态下，地源热泵机组内的压缩机对冷媒做功，使其进行汽——液转化的循环。通过冷媒/空气热交换器内冷媒的蒸发将室内空气循环所携带的热量吸收至冷媒中，在冷媒循环的同时再通过冷媒/水热交换器内冷媒的冷凝，由水路循环将冷媒所携带的热量吸收，最终由水路循环转移至地下水或土壤里。在室内热量不断转移至地下的过程中，通过冷媒—空气热交换器，以13℃以下的冷风的形式为房间供冷。

简单地来说就是：在冬季，把土壤中的热量"取"出来，提高温度后供给室内用于供暖；在夏季，把室内的热量"取"出来释放到土壤中去，并且常年能保证地下温度的均衡。

（2）发展新型供暖模式

在建筑运行环节，我国南北地区将分别采用不同的新型供热结构达到零碳排放。南方长江中下游地区的非集中城镇居民将实现建筑电气化，普遍采用电动热泵来满足供暖需求。北方则通过改变热源结构、优化供热方式，利用传统成熟热网集中供暖，结合农村以生物资源替代燃煤热源、城镇以工业电厂排放的大量余热电热作为替代燃煤的新型热源结构，成功打造我国新型低碳节能供热体系。

基于我国北方城镇现行的集中供暖系统特点，提出了依托于现有集中供热系统的一次供暖为主、末端热用户家用空气源热泵空调机组等二次自供暖为辅的新型供暖模式。如图3-13所示。该技术颠覆了传统的"一次性"集中供暖模式，旨在冬季"电力宽裕时期"充分利用电力清洁能源，提高末端热用户的节能意识，同时大幅度降低供暖能耗，进而缓解北方地区冬季雾霾污染严重的现状。

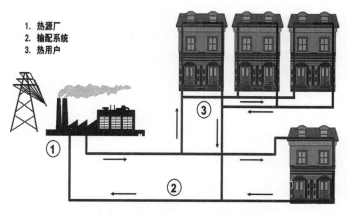

1. 热源厂
2. 输配系统
3. 热用户

图3-13　北方城镇新型供暖模式

（3）加强建筑能源管理

建筑能源管理，即在保证建筑物使用功能和室内环境质量的前提下，通过规划、组织、监测和控制等一系列方法来确保建筑运行的效率和性能最优化，如基于能源审计的结果，来计算分析建筑设备系统、分系统和分项能耗，进而通过对建筑物理构造的模拟及室内外环境的优化来找出建筑分项系统的节能潜力。

一般来讲，建筑能源管理的模式有以下三种：

1）减少能耗型能源管理；其主要措施是限制用能，例如非高峰时期停开部分电梯，无人情况下关灯等。

2）设备改善型能源管理；即针对建筑在运行中的实际情况，不断改进和改造建筑用能设备，这种管理方式的底线是所掌控的资金量能否满足节能改造的需要。

3）优化管理型节能管理；这种管理方式主要包括连续的系统调试、对负荷进行动态追踪管理、基于成本来制定运行策略和对用户行为节能进行启发和引导等。

建筑物能源管理系统，能通过利用计算机对建筑物内的能源消耗进行监控、数据存储等，进而对建筑物的能源利用进行有效的控制并减少能源浪费。建筑物能源管理系统的节能潜力巨大，最多可达到27%左右。由于能源管理可以帮助提高建筑能源利用效率，中国在建筑能源管理方面开展了大量的工作，在宏观的管理和路径层面，特别需要做好建筑能耗统计和建筑运行能耗总量控制。

（4）结构维修加固与性能提升

在保证工程结构安全性及基本功能性的要求下，通过对建设用材料性能、设计方法理念、维修加固策略的改进，提升工程结构的服役寿命，进而抑制房屋的大拆大建，增加建筑维修与功能提升的比例。改进结构维修加固技术不仅可获得数倍于维修资金的效益，更主要的是可避免大量的资源浪费，改善结构生态属性，保护生态环境，实现工程可持续的目标。近些年来，国内外对于较长寿命的工程结构的诉求日益强烈，不断提出"百年住宅"和"二百年桥梁"等理念，需要从工程结构规划设计管理入手，基于工程结构可持续的思想实现这些诉求。

课后习题

1.什么是碳达峰与碳中和？

2.简述"双碳"的主要目标。

3.我国针对双碳目标发布了哪些政策文件？

4.简述建筑低碳评价方法。

5.与建筑建造阶段相关的节能减排路径有哪些？

6.与建筑运行阶段相关的节能减排路径有哪些？

参考文献

[1] 国际在线.世界气象组织发布"2021年全球气候状况"临时报告[EB/OL]. https：//mbd. baidu.com/newspage/data/landingsuper?rs=2554915978&ruk=tfyPzO7yM5bl_uqyp8OV8 g&isBdboxFrom=1&pageType=1&context=%7B%22nid%22%3A%22news_93692760700014 231310%22%7D，2021-11-01/2022-01-14.

[2] 张燕龙.碳达峰与碳中和实施指南[M].北京：化学工业出版社，2021.

[3] 焦丽杰.碳达峰和碳中和的内涵及其背景[J].中国总会计师，2021（06）：37-38.

[4] 中国合成橡胶工业协会.【双碳目标】"碳达峰"与"碳中和"相关政策汇编[EB/OL]. https：//mp.weixin.qq.com/s/13frixaHe3vPnNRZu03PQQ.2021-07-01/2022-01-04.

[5] 安永碳中和课题组.一本书读懂碳中和[M].北京：机械工业出版社，2021.

[6] 新华社.中共中央 国务院关于完整准确全面贯彻新发展理念做好碳达峰碳中和工作的意见[EB/OL]. http：//www.gov.cn/zhengce/2021-10/24/content_5644613.htm，2021-10-24/2022-01-04.

[7] 泛能源大数据知识服务.世界各国碳中和（净零排放）时间表来了！[EB/OL]. https：// mp.weixin.qq.com/s/i_rDhv2llwOveAG5eH-AuQ，2021-11-22/2022-01-04.

[8]　中小企业家商业论坛.31省市碳达峰、碳中和政策大全[EB/OL]. https：//mp.weixin. qq.com/s/wWNO8DMsj7eG6IxyvKKrAg，2021-09-01/2022-01-04.

[9]　人大生态金融.快来找一找！31个省市"双碳"目标及规划汇总[EB/OL]. https：//mp. weixin.qq.com/s/NRfGPIVQY5s9Z2jRJOF7QA，2021-06-03/2022-01-04.

[10] 中国建筑节能协会建筑能耗与碳排放数据专委会.中国建筑能耗与碳排放数据库[DB/ OL]. www.cbeed.cn，2021-12-23/2022-01-14.

[11] 中国建筑节能协会建筑能耗与碳排放数据专委会.2021中国建筑能耗与碳排放研究报 告[R].2021.

[12] 张蓓红，陆善后，倪德良.建筑能耗统计模式与方法研究[J].建筑科学，2008（08）： 19-24，30.

[13] 蔡伟光，李晓辉，王霞，陈明曼，武涌，冯威.基于能源平衡表的建筑能耗拆分模型 及应用[J].暖通空调，2017，47（11）：27-34.

[14] 刘方舟.基于LEAP模型的城市碳排放达峰预测研究[D].中钢集团武汉安全环保研究 院，2021.

[15] 李骥，邹瑜，魏峥.建筑能耗模拟软件的特点及应用中存在的问题[J].建筑科学， 2010，26（02）：24-28，79.

[16] 李璐洋，张昊，韩铭，殷会玲，刘景.绿色建材的应用与未来发展趋势[J].四川建材， 2020，46（06）：40-41.

[17] 张勇，胡鹏飞，章洁.玻璃的节能特性及节能玻璃探讨[J].中国战略新兴产业，2018 （20）：63.

[18] 辛恩麒，张震.土建工程中新型保温材料的开发与应用[J].建材与装饰，2019（17）： 50-51.

[19] 周心怡.世界主要绿色建筑评价标准解析及比较研究[D].北京工业大学，2017.

[20] 陈康.基于可持续设计理念的高校宿舍改造设计策略研究——以长江大学东校区学生 宿舍为例[J].城市建筑，2021，18（26）：108-110.

[21] 乔良.新形势下建筑设计阶段BIM技术应用研究[J].中华建设，2021（12）：118-119.

[22] 卢文斌.提高装配式建筑施工质量的常用技术措施[J].建材发展导向，2021，19（24）： 142-144.

[23] 范丽佳.中国建筑业碳排放现状及"光储直柔"碳中和路径[J].重庆建筑，2021，20 （10）：23-25.

[24] 暖通风向标.地源热泵工作原理及优缺点[EB/OL]. https：//mp.weixin.qq.com/s/ibRPo JMJbn6sKEydmd5d8，2017-07-14/2022-03-26.

4

绿色建造——规划设计阶段

导读：建筑设计是建筑全寿命周期中最重要的阶段之一，它主导了后续建筑活动对环境的影响和能源与资源的消耗。绿色建筑是将可持续发展观引入建筑设计的结果，要实现绿色建筑设计，建筑师不仅需要可持续发展的思想和设计理念，而且还要掌握多层次、多专业、多学科的整体设计模式和设计技术。设计阶段如要真正体现绿色建筑的价值观，将对建筑项目的可持续发展起到决定性作用，也可以较小的成本最大限度地降低能源和资源的消耗。建立绿色建筑的理念是进行绿色建筑设计的先决条件，采用绿色建筑设计的方法和技术是实现绿色建筑的重要保证。

4.1 绿色建筑设计定义与原理

4.1.1 绿色建筑设计的定义

绿色建筑设计是指贯彻绿色建造理念，落实绿色策划目标的工程设计活动。进行绿色建筑设计时需要遵循以下规定：

（1）应统筹建筑、结构、机电设备、装饰装修、景观园林等各专业设计，统筹策划、设计、施工、交付等建造全过程，实现工程全寿命期系统化集成设计。

（2）宜应用BIM等数字化设计方式，实现设计协同、设计优化。

（3）应优先就地取材，并统筹确定各类建材及设备的设计使用年限。

（4）应强化设计方案技术论证，严格控制设计变更。设计变更不应降低工程绿色性能，重大变更应组织专家对其是否影响工程绿色性能进行论证。

（5）应在设计阶段加强建筑垃圾源头管控。

4.1.2 绿色建筑设计原理

绿色建筑应坚持"可持续发展"的建筑理念。理性的设计思维方式和科学程序的把握，是提高绿色建筑环境效益、社会效益和经济效益的基本保证。绿色建筑除满足传统建筑的一般要求外，尚应遵循以下基本原则：

（1）关注建筑的全寿命周期

建筑从最初的规划设计到随后的施工建设、运营管理及最终的拆除，形成了一个全寿命周期。即意味着不仅在规划设计阶段充分考虑并利用环境因素，而且确保施工过程中对环境的影响最低，运营管理阶段能为人们提供健康、舒适、低耗、无害空间，拆除后又对环境危害降到最低，并使拆除材料尽可能再循环利用。

（2）适应自然条件，保护自然环境

1）充分利用建筑场地周边的自然条件，尽量保留和合理利用现有适宜的地形、地貌、植被和自然水系；

2）在建筑的选址、朝向、布局、形态等方面，充分考虑当地气候特征和生态环境；

3）建筑风格与规模和周围环境保持协调，保持历史文化与景观的连续性；

4）尽可能减少对自然环境的负面影响，如减少有害气体和废弃物的排放，减少对生态环境的破坏；

（3）创建适用于健康的环境

1）绿色建筑应优先考虑使用者的适度需求，努力创造优美和谐的环境；

2）保障使用的安全，降低环境污染，改善室内环境质量；

3）满足人们生理和心理的需求，同时为人们提高工作效率创造条件；

（4）加强资源节约与综合利用，减轻环境负荷

1）通过优良的设计和管理，优化生产工艺，采用适用的技术、材料和产品；

2）合理利用和优化资源配置，改变消费方式，减少对资源的占有和消耗；

3）因地制宜，最大限度利用本地材料与资源；

4）最大限度地提高资源的利用效率，积极促进资源的综合循环利用；

5）增强耐久性能及适应性，延长建筑物的整体使用寿命；

6）尽可能使用可再生的、清洁的资源和能源。

此外，绿色建筑的建设必须符合国家的法律法规与相关的标准规范，实现经济效益、社会效益和环境效益的统一。

绿色建筑在设计过程中，必须针对其各个构成要素，确定相应的设计原则和设计目标。绿色建筑中最核心的就是它的设计思想所蕴含的设计原则。从建筑的选址、规划设计、功能设定、材料和技术的应用、设备的安装，到建筑建成后的运营、维护等，绿色建筑的思想都以人为中心，与自然融为一体，贯穿建筑的整个使用周期。

4.2 绿色建筑设计过程

绿色建筑的设计目标是一个多层次的、复杂的结构体系，要求绿色建筑能够在其全寿命周期内表现出节能、环保、舒适等方面的性能。

4.2.1 常规设计过程

在普通建筑项目中，设计阶段一般可以分为工程立项、前期设计、方案设计、初步设计、施工图设计和设计服务六个阶段，这些阶段之间形成一个单向的、线性的递进流程，各阶段之间没有太多的信息交流（图4-1）。从狭义的设计过程概念来看，与设计师关系密切的是其中三个设计阶段。即我国《建筑工程设计文件编制深度规定（2016年版）》规定的，民用建筑工程一般应分为方案设计，初步设计和施工图设计三个阶段。方案设计文件，应满足编制初步设计文件的需要；初步设计文件，应满足编制施工图设计文件的需要；施工图设计文件，应满足设备材料采购、非标准设备制作和施工的需要。

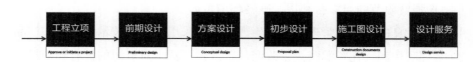

图4-1 基本设计阶段划分

（1）方案设计阶段

方案设计阶段是设计过程中最关键的一步，是后续所有设计工作的基础，这一阶段主要由建筑设计师来完成。方案设计阶段要求确定、解决与表达建设项目的总体布局、环境、功能、美观、可持续发展、主要技术和主要设备选型及总投资等总体、整体性问题。概括说就是针对具体项目的特定背景条件如选址、投资等，给出合理的、概括的解决方案，最后完成《建筑方案设计文件》，包括图纸、模型、文件等。

方案设计阶段具有如下特点：

1）方案设计是建筑设计中最关键的、具有战略意义的设计环节。有资料显示，仅占工程造价5%的方案设计阶段将影响工程造价的75%，并且决定整个建筑各方面性能指标。

2）方案设计要满足项目计划书中的硬性指标要求，受到来自自然、社会、委托方等各方面的约束，必须考虑建筑性质、面积、层数等多方面因素，满足设计最基本的要求，是一种理性分析工作。

3）方案设计同时是一种艺术创作，带有明显的建筑师个人主义色彩和时代烙印。反映出建筑师对时代、对自然、对生命以及对艺术的理解，并以建筑为载体传递给社会和他人。

4）方案设计是一项综合性的工作，涉及的面非常广，既包含理性思维也包含创造性劳动。这需要设计师从全局出发，进行多方面的沟通比较，求得最优的方案。

（2）初步设计阶段

初步设计是紧接方案设计后对设计成果的细化阶段，其主要设计内容包括：建筑师根据建筑方案确定场地平面及建筑平、立、剖面设计；结构、电气、设备专业的工程师在建筑设计方案的基础上对本专业领域内的重大技术问题进行分析、综合、检验并给出技术解决方案，要求做到技术上的适用、可靠和经济上的合理性；进一步确定结构设计方案，选择建筑材料，确定设备、电气配制系统以及概算结果等。这一阶段结构工程师、电气工程师、设备工程师要分别完成本专业技术设计，在进行综合技术分析的基础上，绘制初步设计图纸，并将其主要内容写进本专业初步设计说明书中，初步设计文件应当满足国家规定的内容和编制深度的有关要求。初步设计成果文件应上报上级主管部门，获得批准方可进行下一步工作。

（3）施工图设计阶段

施工图设计阶段作为更进一步的设计阶段，依据已批准的初步设计文件，在设计中因地制宜地正确选用国家、行业和地方的建筑标准设计，进行施工图的深化设计，使设计成果符合有关法规、规范、规定的要求，并使设计图纸文件深度满足工程招标书和建设的要求。具体来讲，施工图分为建筑施工图、结构施工图、电气施工图、设备施工图，分别由本专业工程师负责完成。

在建筑设计中有一个重要因素是逆向的信息反馈。反馈是在常规设计过程中，当各阶段产生的设计信息与其他专业相关设计信息发生冲突时，必须返回到上一阶段进行相关设计的协调、更改、解决。当设计冲突仍不能解决时需继续逆向反馈信息，并重复协调和修改的过程，直至冲突问题得以解决。在建筑设计全过程中的各个阶段，必然会产生许多反馈信息，这些反馈信息是对线性设计主线的补充，但是在常规设计过程中，反馈总表现出滞后性的特征，即总在矛盾产生后才返回到前一阶段查找并解决问题。例如，结构、设备、电气工程师在初步设计阶段才得以见到建筑设计方案的真面目。而此时由于方案设计的不合理，常会导致工程师设计难度的增加，如设备没有足够的空间安装或管线线路过长等，此时工程师需要对建筑设计方案提出建议或做适当的修改，即形成反馈信息（图4-2）。

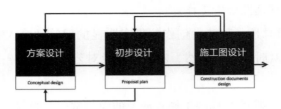

图4-2　设计阶段间的信息反馈

综上所述，常规设计过程的设计阶段是按照顺序方式划分的，只有当一个阶段的工作完成后才启动下一个阶段的工作。各设计阶段的划分严格、任务明确、界线清晰、相互之间缺少衔接和过渡，是一种典型的"抛过墙"式的设计过程。

由于在方案设计阶段，仅依靠建筑师的知识范畴根本无法将复杂的绿色建筑技术融入其中，由此产生的设计方案在节能环保技术方面留有许多空白点。带着这些问题，设计方案被交到下一阶段。在初步设计阶段，参与设计的各专业工程师将会对高效供暖、制冷和采光等系统提出许多先进的建议，但是此时对设计方案的修改只能以"打补丁"的形式出现，不能从根本上解决技术与建筑的冲突。有充分的资料可以证实，设计过程中的变更和改进在过程刚刚开始时是比较容易实现的，随着过程的继续推进变更的难度和破坏性也会相应增加，在极端的情况下甚至导致过程的瓦解。还有，这种顺序的设计流程无法充分支持每个分离的设计阶段以得到最佳的设计成果，阻碍了设计者设计水平和能力的提升。

4.2.2 整合设计过程的设计流程

整合设计过程是一个灵活的、动态的、开放的过程模式。整合设计过程包括一系列小的设计循环，这些小循环顺序出现在过程主线上，推动设计过程向前发展，所谓宏观上顺序，微观上循环。这些小循环的存在模糊了设计阶段的界线，使设计流程循序渐进向前开展。

（1）设计循环

绿色建筑整合设计过程的主线被粗略地划分为许多设计阶段，每一个设计阶段都是以设计循环的形式存在。划分的依据不是方案的深入程度也不是各专业的职责范围，而是一系列具有"里程碑"意义的工作节点。在每个目标任务阶段内，所有设计人员共同参与并给出相关设计信息，各方面的设计信息在本任务范围内循环流动，不断反馈，在问题和答案之间连续转变。通过设计信息的循环，使得关键设计节点的设计参数逐渐确定下来，最终完成从任务到结果的转变（图4-3、图4-4）。

图4-3　整合设计过程中的设计循环

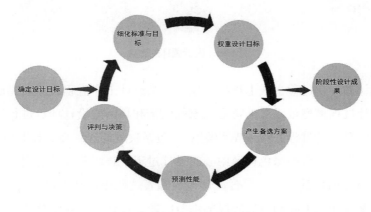

图4-4　设计循环内设计活动

　　因此，设计节点对整个设计过程具有重要的导向作用，必须认真分析选择，为每个独立的设计循环确定目标方向。每一个设计节点都是独一无二的，需要全体设计人员参与分析解决。在绿色建筑整合设计过程中重要的设计节点的例子有：建筑选址、某一项技术解决方案、建筑方案评审结果或最终的建筑文件等。设计节点的内容随着设计过程的开展不断细化，由宏观到微观，由最初的建筑选址、朝向等问题到最后的细部构造等问题。总之，里程碑事件的选择没有固定的模式可以照搬，必须由设计团队在充分分析项目背景的基础上预先制定出来，并体现具体项目的特点。选择设计节点的原则就是选择对设计过程具有路标作用的问题，确定了这类问题，可以避免设计过程误入歧途。

　　（2）设计循环的重复

　　作为设计优化的组成部分，设计循环在过程主线上不断重复出现。但是这种重复不是一成不变的，随着设计循环数量的增加，设计成员有望深化对设计目标的分析，设计方案的深度从宏观到微观不断加深，从概括变得越来越清晰。设计成员对这一系列的设计循环具有绝对的管理和控制力，并将影响整个整合设计过程。设计者应该对设计循环与过程主线进行区分，避免陷入混乱的过程或走入设计过程的分支。一般来讲，设计循环以接受任务时开始到获得临时的或部分的结果时结束。在相邻两个设计循环的分界点需要由具备资格的管理者进行有效地组织和控制，例如对设计目标和结果的决定和审查，这将对整个设计过程产生深远的影响（图4-5）。

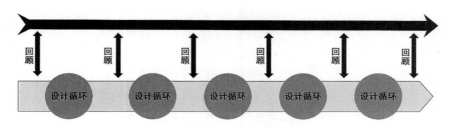

图4-5 设计循环的重复

随着设计循环在过程主线上连续出现，整个设计工作流程也随之发展。这种通用的整合设计过程模型可以根据特定国家的国情和具体的设计项目进行调整，并在项目一开始就对设计过程进行预先"模拟"，包括决策的连续性和控制机制等方面。

例如在丹麦科灵市的绿色社区中心的设计过程中，团队成员每周的工作计划都是针对设计节点的设计循环，整合设计过程随着这些小循环而向前开展。渐渐地，设计节点从整体问题下降到最后阶段的细节问题。设计团队对绿色建筑技术概念和设计方面经验非常丰富，基于该项目的总体战略，在室内气候和能源节约使用方面设计团队采用了"高科技解决方案"，而对于采光、通风等问题的解决，设计团队更倾向于具有普遍适用性的解决方案。

（3）特点与优势

1）特点

绿色建筑整合设计过程的设计流程与常规设计过程相比最显著的特点就是改线性终端式设计流程为循环前进式设计流程。设计主线上的若干小循环决定了对设计信息的反馈和对设计成果的检验是实时进行的，保证了与设计流程的同步性。

其次，设计循环的划分不是以方案深入程度或工作进度进行划分，而是以对绿色建筑设计目标具有重要影响作用的设计节点。每一设计阶段以设计节点任务的输入作为循环的开始，以设计成果的输出为循环的结束。在对设计成果进行检验和选定下一设计节点后，新的设计循环开始。还有，整合设计过程确保在设计早期阶段不同专业专家的意见就参与进来，并且从一开始就考虑到各种各样的机遇和选择。

2）在绿色建筑设计中的优势

整合设计过程鲜明的特点，决定了整合设计过程在绿色建筑设计中具有绝对优势。

①设计效率高，设计循环使得设计信息得以实时反馈，对设计成果也可以进行实时校验，这样有利于提高团队设计效率，降低设计变更几率。

②设计循环使得所有设计团队成员的意见能够同时汇总并在设计循环内部得到及时解决，有利于各种绿色建筑技术的有效整合。最大程度上保证了设计内容的完整和深入程度，有利于提高绿色建筑整体性能。

总之，绿色建筑整合设计过程有一个非常不同的"开始"，并且可以带来非常不同的结果。

4.2.3 设计流程与构成要素叠加

将整合设计过程的构成要素与设计流程进行叠加，可以看到整合设计过程的全貌。在整合设计过程中，一个多学科组成的设计团队，以不断循环的方式推进设计过程，保证了绿色建筑的整体性，提高设计效率。对绿色建筑整合设计过程概括性地描述如下：

（1）首先建立一个概括的建筑性能目标，并制定初步的设计策略来实现这些目标。在绿色建筑整合设计过程中，这个看上去显而易见且简单的步骤却可以使各工程技术的意见在概念设计阶段就体现出来，从而帮助委托方和建筑师达成最佳设计成果。

（2）然后，确定重要的设计节点，研究与节能环保有关的建筑设计手法，如：尽量减少供暖和制冷负荷，争取最大限度的自然采光。调整建筑朝向、选用高效的建筑围护结构，仔细推敲建筑开窗的数量、类型、位置和方式。

（3）接下来，选用节能环保技术，如：利用太阳能技术、可再生技术和高效的空调系统来满足节能要求，同时保持对室内空气质量、热舒适度、照明水平和噪声控制的高标准。

（4）重复上述过程以产生至少两个，最好是三个备选方案，使用能耗模拟软件作为此过程中的测试，然后选出最有发展前景的一个。

总之，在整合设计过程中，所有设计团队成员共同推动设计过程循环向前发展，使建筑成为具有很高集成和整合水平的良好运转的系统，以很少的资本费用增加换来日后运营费用的大大降低。

4.3 建筑绿色化设计要素

绿色建筑设计需要充分了解周边的环境特点，在设计的同时不但要保证建筑物有更长远的使用年限，还要最大限度降低工程施工过程中的能耗，确保建筑工程项目不会对生态环境造成影响。建筑设计相关人员要提高自身对绿色建筑设计知识的储备，严格控制好绿色建筑的设计要点，才能使我国建筑设计水平得到提高。具体来说，建筑绿色化设计要素包括以下几点：

4.3.1 优化建筑物整体设计

建筑物在建设完成之后是否能够达到人们的使用要求，需要建筑设计人员进行科学合理化的设计，首先要对所建造的建筑物的地区进行实地勘察，根据当地的气候环境进行设计分析，比如选择什么样的建筑墙体材料能够满足当地的环境要求，这就需要设计人员的综合分析，并进行科学设计，除了要确保建筑物的舒适度之外，还要降低建筑材料的损耗。另外建筑设计人员要根据建筑物所在地区的地理环境情况，对建筑物类型和建造方位进行深入研究，严格把控建筑物的方位走向，进行综合分析及科学合理化设计。在设计中可以考虑利用风能、太阳能等可再生能源，使建筑物达到环保要求。

4.3.2 建筑布局设计

绿色建筑设计中，建筑的整体布局是关键，需要对当地的资源环境进行全方位考察，利用当地的环境资源，比如温度调节能力，建筑物的观赏性，提高建筑使用性能，形成自然条件，尽量避免人工建造。在建筑布局设计中，要减小建筑物的热能吸收，控制好室内温度。对于绿色建筑设计，关键有以下几点：

（1）在保证功能完善的基础上，优化建筑内部功能区布局，合理利用资源，减少对空调、照明等设施的依赖。可以将功能相似的区域集中在室内，改善室内环境的一致性，降低空调通风系统的能耗。

（2）详细了解户外环境的周边地理环境，熟练运用地形进行规划，提高对周边资源的利用。

（3）依据建筑所建地区的环境特征，对建筑物的方向与内部格局进行设计，保障建筑完工后通风及采光性良好，可以完全利用太阳能、风能等可再生资源。

（4）对建筑物周围的区域进行合理规划，运用周边的绿植及其他建筑来减少建筑的热能负荷，同时注意设置建筑之间的距离，避免影响光照程度。

4.3.3 提高建筑结构设计的合理性

建筑结构由单层建筑和多层建筑两种组成，随着建筑业的发展，人类的建筑建设能力明显提高，楼层的高度越来越大，尤其入眼所见的各式各样的高层建筑及小高层建筑，其建筑结构复杂多样化，在进行设计的过程中，要秉承绿色建筑设计理念，对建筑结构的设计进行深入剖析，使建筑结构的稳定性和安全性得到提高，确保建筑结构的整体性能。对建筑结构进行科学合理化设计，并根据实地情况进行完善，让建筑的视觉效果更宽广，让人们在使用中更加舒适。坚持绿色的建筑设计原则，提高建筑物的抗震性能，增加其使用年限。

4.3.4 合理利用资源能源

资源的合理利用，环境的保护是日后人类必须要做的事，建筑设计中绿色建筑设计要以此为基础，坚持绿色理念，在设计中要充分对资源能源进行合理化设计利用，这样也能够体现出绿色建筑的设计要点。当下我国乃至全球的资源都呈现出紧缺的形势，因此在建筑设计中使用清洁能源就显得尤为重要，比如风能、太阳能等，都是可以再生的能源，这也是绿色建筑设计的重要一点。当前城市发展迅速，新旧更替，被翻新或者改建拆除的建筑物越来越多，从而产生很多建筑垃圾废料，这些不仅会造成环境污染，对资源也是一种浪费，所以也要在建筑设计中体现对废旧资源的再利用。传统的建筑设计中，往往会忽略再生材料的利用，随着人类环保意识的增强，对可再生能源的认知也越来越广泛，人类也逐渐意识到的可再生能源也并不是用之不完的，在绿色建筑设计中，要对可再生能源进行科学规划，不但要使建筑物的环保功能提高，也能起到对自然能源的保护。

4.3.5 恰当选择建筑材料

建筑材料是完成建筑建造的根本，而建筑材料的恰当选择，可以降低建筑能耗，达到环保效果，体现其生态价值。要时刻谨记环保的设计理念，在选择建筑材料时，要对其进行严格把控。

（1）要关注建筑原产地材料是否符合环保标准，比如甲醛含量等，确保建筑原料的清洁能效，更大程度地减少其对人体的伤害。

（2）在工程施工中，尽量采用绿色建筑材料，注意建筑材料本身性能，严格把控建筑施工材料的合理化利用。

（3）加大对新型绿色建筑材料的使用率，提升建筑的环保性。比如在工程建设施工中，太阳能、风能的利用，不但可以发电，发热，还可以再生。

4.3.6 应用智能建筑技术

在科技飞速发展的今天，智能化的使用成为人类的生活主导，绿色建筑设计中，智能建筑技术的应用更为广泛，尤其高层建筑越来越多，就更应该加强对智能建筑技术的应用，在绿色建筑设计中结合智能建筑系统的特征与作用，确保建筑物更加舒适健康，并降低资源消耗。

4.4 绿色建筑设计与传统建筑设计的联系

中国传统建筑在其演化过程中，不断利用并改进建筑材料，丰富建筑形态与营造经验，形成稳定的构造方式和匠艺传承模式。这是人们在掌握当时当地自然条件特点的基础上，在长期的实践中依据自然规律和基本原理总结出来的，有其合理的生态经验、理念与技术。

传统技术的经验主义以及缺乏科学理论的建构确实存在于传统民居的演变过程中，尤其是面对当代科学技术的蓬勃发展时显现了突出的尴尬和不适应性。一方面，由于社会经济的迅速发展，传统建筑如民居等面临着居民改善人居环境、提高生活品质的迫切需求。另一方面，建筑形式及材料发生了根本的改变，民居中的生态建筑经验所依附的构筑手段、建筑实体以及由此所围合的空间形式均可能荡然无存；同时，由于现代建筑材料与建筑技术的日新月异，亦使得许多传统民居中的绿色经验来不及总结、提炼或发扬，就已经在"重建"与"更新"中失传了。因此，面对当今社会的现代化进程与人类对自然生态环境的回归愿望，传统民居中所固有的绿色建筑经验迫切需要进行研究、借鉴与转化，以便在特定的经济环境条件下继承和发扬这些宝贵的建构经验，并将其应用于现代人居环境的建设，从而创造出适于人类可持续发展的绿色人居环境。

4.4.1 中国传统建筑中的绿色观念

中国传统营造技术的特点是基本符合生态建筑标准的，通过对"被动式"环境控制措施的运用，在没有现代供暖、空调技术，几乎不需要运行能耗的条件下，创造出了健康、相对适宜的室内外物理环境。因此，相对于现代建筑，中国的传统建筑特别是民居建筑，具有的生态特性或绿色特性很多方面是我们值得借鉴的经验。

（1）"天人合一"的思想

"天人关系"，即人与自然的关系；"天"是指大自然；"天道"就是自然规律；"人"是指人类；"人道"就是人类的运行规律。"天人合一"是中国古代的一种政治哲学思想，指的是人与自然之间的和谐统一，体现在人与自然的关系上，就是既不存在人对自然的征服，也不存在自然对人的主宰，人和自然是和谐的整体。"天人合一"的思想最早起源于春秋战国时期，经过董仲舒等学者的阐述，由宋明理学总结并明确提出，其基本思想是人类的政治、伦理等社会现象是自然的直接反映。

中国传统的建筑文化也崇尚"天人合一"的哲学观，这是一种整体的关于人、建筑与环境的和谐观念。建筑与自然的关系是一种崇尚自然、因地制宜的关系，从而达到一种共生共存的状态。中国传统聚落建设、中国传统民居的设计，同样寻求天、地、人之间最完美和谐的环境组合，表现为重视自然、顺应自然、与自然相协调的态度，力求因地制宜、与自然融合的环境意识。中国传统民居的核心是居住空间与环境之间的关系，体现了原始的绿色生态思想和原始的生态观，其合理之处与现代住宅环境设计的理念不谋而合。

（2）"师法自然"与"中庸适度"

1）"师法自然"

"师法自然"是以大自然为师加以效法的意思，即一切都自然而然，由自然而始，是一种学习、总结并利用自然规律的营造思想。归根到底，人要以自然为师，就是要遵循自然规律，即所谓的"自然无为"。英国学者李约瑟曾评价说"再没有其他地方表现得像中国人那样热心体现他们伟大的设想'人不能离开自然'的原则，皇宫、庙宇等重大建筑当然不在话下，城乡中无论集中的，或是散布在田园中的房舍，也都经常地呈现一种对'宇宙图案'的感觉，以及作为方向、节令、风向和星宿的象征主义。"如汉代的长安城，史称"斗城"，因其象征北斗之形，从秦咸阳、汉长安到唐长安，其城市选址和环境建设，都在实践中不断汲取前代的宝贵经验，至今仍有借鉴学习之处。

2）"中庸适度"

《中庸》是"四书"中的"一书"，全书三十三章，分四部分，所论皆为天道、人道、讲求中庸之道，即把心放在平坦的地方来接受命运的安排。中庸，体现出一定的唯物主义因素和朴素的哲学辩证法。适度，是中庸的得体解析，对中国文化及文明传播具有久远的影响。其不偏不倚，过犹不及的审美意识，对中国传统建筑发展影响颇深。"中庸适度"即一种对资源利用持可持续发展的理念，在中国人看来，只有对事物的发展变化进行节制和约束，使之"得中"，才是事物处于平衡状态长久不衰而达到"天人合一"的理想境界的根本方法。

"中庸适度"的原则表现在中国古代建筑中的很多方面，"节制奢华"的建筑思想尤其突出，如传统建筑一般不追求房屋过大。《吕氏春秋》中记载"室大则多阴，台高则多阳；多阴则蹶，多阳则痿。此阴阳不识之患也。是故先王不处大室，不为高台"。还有"宫室得其度""便于生""适中""适形"等，实际都是指要有宜人的尺度控制《论衡·别通篇》中也有这样的论述"宅以一丈之地以为内"，内即内室或内间，是以"人形一丈，正形也"为标准而权衡的。这样的室或间又有丈室、方丈之称。这样的室或间构成多开间的建筑，进而组成宅院或更大规模的建筑群，遂有了"百尺""千尺"这个重要的外部空间尺度概念，以"千尺为势，百尺为形"作为外部空间设计的基准。

4.4.2 中国传统建筑中体现的绿色特征

关于绿色建筑，也可以理解为是一种以生态学的方式和资源有效利用的方式进行设计、建造、维修或再使用的构筑物。绿色建筑与一般建筑的区别主要表现在四个方面：一是低能耗；二是采用本地的文化、本地的原材料，尊重本地的自然和气候条件；三是内部和外部采取有效连通的办法，对气候变化自动调节；四是强调在建筑的寿命周期内对全人类和地球的负责。而传统建筑，在这些方面都有值得今天参考借鉴的地方。

（1）自然源起的建筑形态与构成

在中国传统建筑形态生成和发展的进程之中，自然因素在不同的发展时期所起的作用和影响虽不相同，但总体上呈现出从被动地适应自然到主动地适应和利用自然，以至巧妙地与自然有机相融的过程。概括来讲，对传统建筑形态的影响可分为两个方面：自然因素和社会文化因素。

自然源起的传统建筑形态的形成和发展决定于两个方面的条件：人的需求和建造的可能性。在古代技术条件落后的条件下，建筑形态对自然条件有着很强的适应性，这种适应性是环境的限定结果，而不由人们主观决定。不论中外，东方和西方，还是远古时代和现代，自然中的气候因素、地形地貌、建筑材料均对建筑的源起、构成及发展起到最基本和直接的影响。

就我国而言，从南到北跨越了热带、亚热带、暖温带、中温带和亚温带五个气候区。通常东南多雨，夏秋之间常有台风来袭，而北方冬春二季为强烈的西北风所控制，比较干旱。我国位于亚洲的东南部，东南滨海而西北深入大陆内部。我国的地形是西部和北部高，向东、南部逐渐降低。其中有世界最高的青藏高原和峭壁深谷的西南横断山脉，有坡陀起伏的丘陵地区，有面积辽阔的沙漠和草原，有土壤肥沃的冲积平原，也有河流如织的水乡。由于地理、气候的不同，我国各地建筑材料资源也有很大差别。中原及西北地区多黄土，丘陵山区多产木材和石材，南方则盛产竹材。

如此巨大的自然因素差异正是传统建筑地域特征形成的初始条件，建筑上的原始地域差异随着各地地域文化的发展而强化，逐渐形成地域建筑各要素之间独特的联系方式、组织次序和时空表现形式，从而组成了我国丰富多彩的传统建筑形态。这种形态一般可分解为空间形态、构筑形态和视觉形态，三者相互依存、相互影响，从而形成建筑形态的统一体。

（2）气候、生活习俗与空间形态

传统民居的空间形态受地方生活习惯、民族心理、宗教习俗、区域气候特征的影响，其中气候特征对前几方面都产生一定的影响，同时也是现代建筑设计中最基本的影响因素，具有超越其他因素的区域共性"建筑物是建造在各种自然条件之下，从一个极端封闭的盒子到另一个极端开放的露天空间。在这两种极端情况之间存在着相当多的选择。"天气的变化直接影响了人们的行为模式和生活习惯，反映到建筑上，相应地形成了或开放或封闭的不同建筑空间形态。

在气温相对宜人的地区，人们的室外活动较多，建筑在室内外之间常常安排有过渡的灰空间，如南方的厅井式民居都具备这种性质。灰空间除了具有遮阳的功效，也是人们休闲、纳凉、交往的场所。而在干热、干冷地区，人们的活动大多集中于室内，由此供人们交往的大空间主要布置在室内，与外界的关系相对独立，建筑较封闭。同时，传统建筑常常利用建筑围合形成的外部院落空间解决采光、通风、避雨和防晒问题。如以北京四合院为代表的北方合院式民居、以吐鲁番民居为代表的高台式民居。

除了利用地面以上的空间，传统建筑还发展地下空间以适应恶劣气候，尤其在地质条件得天独厚的黄土高原地区，如陕北地区的窑居建筑。因此对地域传统建筑模式的学习，首先是学习传统建筑空间模式对地域性特色的回应，这是符合"绿色"精神的。

（3）自然资源、地理环境与构筑形态

构筑形态强调的是建造的技术方面，它是通过建筑的实体部分，即屋顶、墙体、构架、门窗等建筑构件来表现的。建筑的构筑形态包括材料的选择和其构筑的方式，很明显它与特定的环境所能提供的建筑材料有着密切的关系，特别是在人类的初始阶段，交通和技术手段尚不发达，我们的祖先只能就地取材，最大限度地发挥自然资源的潜力，从而形成了特定地区的独特构筑体系。

构筑技术首先表现在建筑材料的选择上。古人由最初直接选用天然材料（如黏土、木材、石材、竹等）发展到后来增加了人工材料（如瓦、石灰、金属等）的利用。有了什么样的材料，必然有以有效发挥材料的力学性能和防护功能相应的结构方法和形式，传统民居正是按当时对材料的认识和要求来取舍的，并根据一定的经济条件，尽量选用各种地方材料而创造出丰富多彩的构筑形态。

木构架承重体系是传统民居构筑形态的另一个重要特征，一方面是由于木材的取材、运输、加工等都比较容易；另一方面木构架虽然仅有抬梁式、穿斗式和混合式等几种基本形式，但是可根据基地特点做灵活的调节，对于复杂的地形地貌具有很大的灵活性和适应性。因此，在当时的社会经济技术下，木构架体系是具有很大优越性的。传统民居在木构架的使用和发展中，积累了一整套木材的培植、采伐、加工和防护等宝贵的经验。就技术水平而言，无论在高度、跨度以及解决抗震、抗风等问题，还是在力学施工等方面，经过严密地整合形成了系统的方法。

（4）环境"意象"、审美心理与视觉形态

建筑是一种文化现象，它必然受到人的感情和心态方面的影响，而人的感情和心态又是来源于特定的自然环境和人际关系。克里斯提·诺伯格·舒尔兹（Christian-Norberg-Schulz）认为：每一个特定的场所都有一个特定的性格，就像它的灵魂一样，它统辖着一切，甚至造就了那里人们的性格。当然建筑也不例外地符合这个场所"永恒的环境秩序"。这种特定场所的内在性格潜移默化地影响着世代生息于这里的人们，并在他们头脑中形成了一个潜在的关于这个环境的整体"意象"，这也许就是人们最初的审美标准。此外，视觉形态还从心理上影响人们的舒适感觉，如南方民居建筑的用色比较偏好白色，白色在色彩学上属于冷色，能够给人心理上凉爽感，这可能是南方炎热地区多用冷色而少用暖色的根本原之一。

4.5 绿色建筑设计技术

绿色建筑设计技术包括的主要内容，如表4-1所示。

绿色建筑设计技术包括的主要内容 表4-1

序号	技术项
1	建筑围护结构的节能技术（外墙体、内窗、屋面的节能技术；建筑遮阳）
2	被动式建筑节能技术（自然通风技术）
3	新型自然采光技术及照明技术
4	可再生能源利用（太阳能光热技术；太阳能光电技术）
5	绿色暖通新技术（地源热泵技术、空气冷热源技术）
6	节水技术（雨水、污水再利用）等
7	信息化建造技术（绿色建筑设计中BIM技术的具体应用）

4.5.1 建筑围护结构的节能技术

建筑围护结构的各部分能耗比例，一般屋顶占22%；窗户（渗透）占13%；窗户（热传导）占20%；外墙占30%；地下室占15%。选择合适的围护结构节能措施在绿色建筑技术设计中非常重要。

（1）外墙体节能技术

其中外墙体节能技术又分为单一墙体节能与复合墙体节能。

1）单一墙体节能技术是指通过改善主体结构材料本身的热工性能来达到墙体节能效果，目前常用的加气混凝土和空洞率高的多孔砖或空心砌块可用作单一节能墙体。

2）复合墙体节能技术是指在墙体主体结构基础上增加一层或几层复合的绝热保温材料来改善整个墙体的热工性能。根据复合材料与主体结构位置的不同，又分为内保温技术、外保温技术及夹心保温技术。

（2）窗户节能技术

窗户的节能技术主要从减少渗透量、减少传热量、减少太阳辐射能三个方面进行设计。主要方式有：采用断桥节能窗框材料、采用节能玻璃和采用窗户遮阳设计几种方式，其中窗户的遮阳设计方式主要有：

1）外设遮阳板。要求既阻挡夏季阳光的强烈直射，又保证一定的采光、通风及外立面构图设计要求。

2）电控智能遮阳系统。即根据太阳运行角度及室内光线强度要求，采用电控遮阳的系统。在太阳辐射强烈的时候关闭，遮挡太阳辐射，降低空调能耗；在冬季和阴雨天的时候打开，让阳光射入室内，降低供暖能耗。

（3）屋面节能技术

屋面被称为建筑的第五立面，是建筑外围护结构节能设计的重要方面，除了保温、隔热的常规设计以外，采用屋顶绿化的种植屋面设计是减少建筑能耗的有效方式。

4.5.2 被动式建筑节能技术

被动式建筑节能技术，即以非机械电气设备干预手段实现建筑能耗降低的节能技术，具体指在建筑规划设计中通过对建筑朝向的合理布置、遮阳的设置、建筑围护结构的保温隔热技术、有利于自然通风的建筑开口设计等实现建筑需要的供暖、空调、通风等能耗的降低。相对被动式技术的是主动式技术，指通过机械设备干预手段为建筑提供供暖、空调、通风等舒适环境控制的建筑设备工程技术。主动式节能技术则指在主动式技术中以优化的设备系统设计、高效的设备选用实现节能的技术。自然通风是利用自然风压、空气温差、密度差等对室内进行通风的方式，具有被动式的节能特点，是绿色建筑节能设计中的首选方式。

4.5.3 新型自然采光技术及照明节能技术

（1）用导光管进行自然采光

近年来，由于能源供应日趋紧张、环境问题日益为人们所重视，光导照明系统越来越多地受到关注和广泛的应用。导光管日光照明系统是一种无电照明统，采用这种系统的建筑物白天可以利用太阳光进行室内照明。其基本原理是通过采光罩高效采集室外自然光线并导入系统内重新分配，再经过特殊制作的导光管传输后由底部的漫射装置把自然光均匀高效地照射到任何需要光线的地方，从黎明到黄昏，甚至阴天导入室内的光线仍然很充足。

（2）利用智能照明系统节能

智能照明系统节能是利用先进电磁调压及电子感应技术，对供电进行实时监控与跟踪，自动平滑地调节电路的电压和电流幅度，改善照明电路中不平衡负荷所带来的额外功耗，提高功率因素，降低灯具和线路的工作温度，达到优化供电的目的。智能照明系统的具体应用方式，如会议室中安装人体感应，可做到有人时开灯、开空调，无人时关灯、关空调，以免忘记造成浪费；或有人工作时自动打开该区的灯光和空调；无人时自动关灯和空调，有人工作而又光线充足时只开空调不开灯，自然又节能。

4.5.4 可再生能源利用

（1）"太阳能光热系统"节能技术

太阳能光热利用是指利用太阳辐射的热能，应用方式除太阳能热水器外，还有太阳房、太阳灶、太阳能温室、太阳能干燥系统、太阳能土壤消毒杀菌技术等。太阳能光热系统，既可供暖也可供热水。利用太阳能转化为热能，通过集热设备采集太阳光的热量，再通过热导循环系统将热量导入至换热中心，然后将热水导入地板采暖系统，通过电子控制仪器控制室内水温。在阴雨雪天气系统自动切换至燃气锅炉辅助加热从而让冬天的太阳能供暖得以完美实现。春夏秋季可以利用太阳能集热装置生产大量的免费热水。若用太阳能全方位地解决建筑内热水、供暖、空调和照明用能，这将是最理想的方案，太阳能与建筑（包括高层）一体化研究与实施，是未来太阳能开发利用的重要方向。

（2）"太阳能光伏系统"节能技术

太阳能热发电，是太阳能热利用的一个重要方面，这项技术是利用集热器把太阳辐射热能集中起来给水加热产生蒸汽，然后通过汽轮机、发电机来发电。根据集热方式不同，又分高温发电和低温发电。太阳能光伏发电系统主要由电子元器件构成，不涉及机械转动部件，运行没有噪声；没有燃烧过程，发电过程不需要燃料；发电过程没有废气污染，也没有废水排放；设备安装和维护都十分简便，维修保养简单，维护费用低，运行可靠稳定，使用寿命很长，达到25年；环境条件适应性强，可在不同环境下正常工作；能够在长期无人值守的条件下正常稳定工作；根据需要很容易进行扩展，扩大发电规模。太阳能光伏系统的应用领域非常广泛，在太阳能电源、交通领域、通信领域、石油、海洋、气象领域、光伏电站、太阳能建筑等方面都得到了采用。

4.5.5 绿色暖通新技术

（1）毛细管网辐射式空调系统

毛细管网模拟叶脉和人体毛细血管机制，由外径为3.5～5.0mm（壁厚0.9mm左右）的毛细管和外径20mm（壁厚2mm或2.3mm）的供回水主干管构成管网。冷热水由主站房供至毛细管平面末端，由毛细管平面末端向室内辐射冷热量，实现夏季供冷、冬季供热的目的。冬季，毛细管内流淌着较高温度的热水，均匀柔和地向房间辐射热量；夏季毛细管内流动着温度较低的冷水，均匀柔和地向房间辐射冷量。毛细管网（席）换热面积大，传热速度快，因此传热效率更高。

空调系统一般由热交换器、带循环泵的分配站、温控调节系统、毛细管网（席）组成。夏季供回水温度的范围在15℃～20℃，温差以2℃～30℃为宜；冬季供回水温度的范围在28℃～35℃，温差以4℃～5℃为宜。应配备新风系统，它的功能除了新风功能外，还承担着为室内除湿的作用，可选用新风除湿机或全热回收型新风换气机。无散湿量产生的酒窖、恒温恒湿室等类建筑因功能单一，多数为单层或两层且与其他相关专业关联较弱，故非常适宜采用毛细管网辐射式空调系统。

（2）温湿度独立控制空调系统

温湿度独立控制空调是由我国学者倡导，并在国内外普遍采用的一种全新空调模式。与传统的空调形式相比，它采用两个相互独立的系统分别对室内的温度和湿度进行调控，这样不仅有利于对室内环境温湿度进行控制，而且可以完全避免因再热产生的不必要的能源消耗，从而产生较好的节能效果。温度、湿度分别独立处理，也可实现精确控制，处理效率高，能耗低。

4.5.6 节水技术

（1）雨水和污水的回收利用

以雨水和河水作为补给水，结合生态净化系统、气浮工艺、人工湿地、膜过滤和炭吸附结合技术，处理源头水质，达到生活杂用水标准，处理后水用于冲厕、绿化灌溉和景观补水。结合景观设置具有净水效果的景观型人工湿地，处理生活污水。

（2）节水器具的使用

节水型生活用水器具的定义是指比同类常规产品能减少流量或用水量，提高用水效率、体现节水技术的器件、用具。节水型生活用水器具包括节水型喷嘴（水龙头）、节水型便器及冲洗设备、节水型淋浴器等。

此外，一些现代家用电器也日益呈现出节水、节电的设计趋势。如节水型洗衣机，能根据衣物量、脏净程度，自动或手动调整用水量，是满足洗净功能且耗水量低的洗衣机产品。

4.5.7 信息化建造技术

（1）绿色建筑设计准备时期BIM技术的应用

设计工作人员在进行方案设计时，要对施工现场进行实地的勘测，了解和掌握施工项目所处的地形特点等，以及全面地分析通风等情况，从而可以将节能设计应用到其中。绿色建筑设计准备阶段，一般情况下会使用二维设计方式，需要投入巨大的人力、财力，而BIM技术的应用，大大缩短了设计所需时间。此外，通过BIM技术可以进行通风模拟等，从而使建筑设计变得越来越合理化、规范化。此外，建筑设计方案在构成时期，利用BIM技术对建筑设计的方案进行模拟，充分分析各个建筑设计方案的可行性、实效性，以及能源消耗状况，从而选择最优的设计方案，在保证施工高质量、高效率完工的情况下，在各个环节体现出环保、节能，进而实现绿色建筑的目的。

（2）绿色建筑方案设计时期BIM技术的应用

新的发展时期，对建筑工程的要求越来越严格，工程结构复杂程度呈现日益递增的趋势。因此在绿色建筑设计时，不但要确保构建合理、适宜的工程形体，而且要确保构建规范、科学的工程结构，与此同时，在建筑体型设计过程中要充分体现出环保、节能的目的。因此针对以上状况，要充分利用BIM技术，通过实现对绿色建筑模块化设计工作，实现工程项目的构建模型操作。BIM软件中包含很多个功能模块，在对建筑工程形体开展分析工作要利用其参数设计模块，它能够全面地完成建筑工程形体的建模工作，与此同时，对各个参数进行细化和调整，在系统对参数开展系统调整的时候，不但能够对没有调整的参数进行保存，而且保证整个建筑工程形体更加的协调、适中。因此，在建筑方案设计过程中应用BIM技术，大大提高了设计方案的质量和效率，使设计方案更加的合理。可视化模块也是BIM系统中比较重要的功能模块，利用这个模块可以从不同层面实现对建筑设计方案的分析，对各个部件开展透视分析和了解，从而保障设计工作人员能够从多角度、多层面观察和掌握绿色建筑设计方案的实际设计的可行性、实用性，充分掌握整个建筑设计方案的效果。此外，在建筑方案设计阶段，利用BIM技术也可以对方案一个设计部分进行仔细的分析和观察，从而更加保障整个方案的合理性，有利于方案的优化工作。与此同时能够实现对局部设计方案的及时的对比和调整，进而提高设计工作的效率。

4.6 绿色设计交付

4.6.1 绿色交付的定义

在综合效能调适、绿色建造效果评估的基础上，制定交付策略、交付标准、交付方案，采用实体与数字化同步交付的方式，进行工程移交和验收的活动。

4.6.2 绿色交付的一般规定

（1）项目交付前应进行绿色建造的效果评估；

（2）项目交付前应完成绿色建筑相关检测，提交建筑使用说明书；

（3）应核定绿色建材实际使用率，提交核定计算书；

（4）应将建筑各分部分项工程的设计、施工、检测等技术资料整合和校验，并按相关标准移交建设单位和运营单位；

（5）应制定建筑物各子系统（机电设备系统、消防系统等）运行操作规程和维护保养手册；

（6）应按照绿色交付标准及成果要求提供实体交付及数字化交付成果。数字化交付成果应保证与实体交付成果信息的一致性和准确性，建设单位可在交付前组织成果验收。

4.6.3 交付要求

（1）应对建筑开展综合效能调适，包括夏季工况、冬季工况及过渡季节工况的调适和性能验证，使建筑机电系统满足绿色建造目标和实际使用等要求；

（2）应组织相关各方建立综合效能调适团队，明确各方职责，编制调适方案，制定调适计划；

（3）综合效能调适的内容和要求应符合现行行业标准《绿色建筑运行维护技术

规范》JGJ/T391的规定。综合效能调适完成后，应将相关技术文件存档；

（4）数字化交付的内容及标准应执行工程所在地的相关规定。当所在地区未规定时，可由建设单位牵头确定，各参建单位遵照执行；

（5）数字化交付内容应包含数字化工程质量验收文件、施工影像资料、建筑信息模型等。应编制说明书，详细说明交付的范围与内容；

（6）建筑信息模型应按单位工程进行划分组建，每个单位工程包含建筑、结构、给排水、电气、暖通等分专业模型以及综合模型文件；

（7）应基于构件维护、保养、更换、质量追溯等需求，为建筑信息模型构件建立编码，并确保构件编码的唯一性；

（8）服务数字化运营维护的建筑信息模型应包含供应商和维护保养等信息；

（9）数字化交付过程中数据传递应遵守相关保密规定。

4.6.4 效果评估

（1）应对绿色建造节约资源和保护环境的效果进行评估，并形成效果评估报告。可采用内部自评的形式，或委托具备评估能力的技术服务单位进行评估。效果评估应包含但不限于绿色施工、减排、海绵城市建设等内容；

（2）效果评估的具体内容、参考标准、评估结果以及证明材料等应进行汇总，形成绿色建造效果评估表；

（3）证明材料应包括但不限于设计文件、专项报告、分析计算报告、现场检测报告等；

（4）进行绿色施工效果评估时，证明材料应包括绿色施工评价定级报告，评价定级方法应按照现行国家标准《建筑工程绿色施工评价标准》GB/T 50640执行；

（5）进行减排效果评估时，证明材料应包括碳排放计算报告，计算方法应按照现行国家标准《建筑碳排放计算标准》GB/T 51366执行；

（6）场地和地块海绵城市建设效果评估，应按照现行国家标准《海绵城市建设评价标准》GB/T 51345执行。

1.简述绿色建筑设计所遵循的基本原则。

2.谈谈绿色建筑设计与传统建筑设计过程的不同点。并指出绿色建筑设计过程的优势与特点。

3.建筑绿色化包含哪些要素？请对每个要素做出简单阐述。

4.你对中国传统建筑中所体现的绿色观念的理解。

5.绿色建筑设计技术体现在哪些方面？除了书本上所介绍的知识，你还了解哪些技术？

参考文献

[1] 张亮.绿色建筑设计及技术[M].合肥：合肥工业大学出版社，2017.

[2] 杨丽.绿色建筑设计 建筑节能[M].上海：同济大学出版社，2016.

[3] 杨雏菊.绿色建筑设计与技术[M].南京：东南大学出版社，2011.

[4] 张静.绿色建筑整合设计过程初探[D].山东建筑大学，2010.

[5] 绿色建筑咨询网.绿色建筑设计理念的设计要点[EB/OL]. http：//www.gbwindows.org/wap/news/14321.html，2020-03-20/2022-04-05.

[6] 建设工程教育网.BIM技术在绿色建筑设计的运用[EB/OL].http：//m.jianshe99.com/bim/ksdt/ch20210118110751.shtml，2021-01-18/2022-04-05.

[7] 中华人民共和国中央人民政府.住房和城乡建设部办公厅关于印发绿色建造技术导则（试行）的通知[EB/OL]. http：//www.gov.cn/zhengce/zhengceku/2021-04-15/content_5599673.htm，2021-03-16/2022-04-05.

5

绿色建造——施工阶段

导语：随着我国新型工业化、城镇化、信息化、农业现代化、绿色化的深入发展和"四个全面"总体战略部署的推进，建筑业已经成为稳增长、调结构、惠民生的重点产业。面对日益严峻的环境保护形势，改善建筑业高消耗、高污染的现状，实现建筑业的可持续发展是建筑业当前面临的主要问题之一，因此绿色施工逐渐受到人们的重视。本章节将对绿色施工的概念进行明晰，首先指明绿色施工定义，然后对与绿色施工相近的相关概念进行解释与比较，再介绍绿色施工的原则、目的及意义，最后提出绿色施工的总体框架。

5.1 绿色施工的定义与原理

5.1.1 绿色施工的定义与原则

　　（1）绿色施工的定义

　　绿色施工作为建筑全寿命周期中的一个重要阶段，是实现建筑领域资源节约和节能减排的关键环节。通过切实有效的管理制度和绿色技术，最大限度地减少施工活动对环境的不利影响，减少资源与能源的消耗，实现可持续发展的施工。

　　绿色施工技术绝不是一个全新的技术，也不是独立于传统施工技术，而是用"可持续发展"的眼光重新审视传统施工技术，是符合可持续发展战略的施工技术。绿色施工是一种过程，关键在于基于绿色理念，通过科技和管理进步的方法，对施工组织设计和施工方案所确定的工程做法、设备和用材提出优化和完善的建议意见，促使施工过程安全文明、质量保证，促使实现建筑产品的安全性、可靠性、适用性和经济性，使施工过程更为绿色。

　　（2）绿色施工的原则

　　绿色施工技术主要原则是因地制宜，体现的是施工的综合效益，对建筑业乃至国民经济发展及环境保护具有重要意义。绿色施工要求贯彻执行国家、行业和地方相关的技术政策，符合国家的法律、法规及相关的标准规范，实现经济效益、社会效益和环境效益的统一。施工企业应运用ISO14000环境管理体系和OHSAS18000职业健康安全管理体系，将绿色施工有关内容分解到管理体系目标中去，绿色施工规范化、标准化才能有效实现。

　　所谓绿色施工技术，就是以资源的高效利用为核心，以环保优先为原则，追求高效、低耗、环保，统筹兼顾，实现工程质量、安全、文明、效益、环保综合效益最大化。具体地说，就是在施工过程中，实现最大限度的节能、节地、节材、节水，减少对环境的影响，在人工、材料、机械、方法、环境等方面都实行全方位的操控和优化。

　　（3）绿色施工相近概念

　　绿色施工立足于节能环保，当前有许多易于混淆的相近概念，本书对当前常见的节能降耗、文明施工、节约型工地三个概念进行解释。

　　1）绿色施工与节能降耗。倡导"节能降耗"活动，是当前建筑业发展的核心要求。绿色施工包含节能降耗，节能降耗是绿色施工的主要内容。推进绿色施工可促进节能降耗进入良性循环，而节能降耗把绿色施工的节能要求落到了实处。我国是耗能大国，又是能源利用效率较低的国家，当前我们必须把"节能降耗"作为推进绿色建筑和绿色施工的重中之重，抓出成效。

　　2）绿色施工与文明施工。绿色施工不同于文明施工。在我国前几年出现绿色施工的时候，没有人给绿色施工进行具体的定义，很多人认为绿色施工、绿色建筑、生态文明建设以及文明施工是一样的含义，前者我们介绍了绿色施工不同于绿色建筑，更不同于文明施工，虽然这一概念很容易混淆和理解，但是绝对不能等同。在总体发展落后的年代，很多人从狭义的角度认为文明施工就是绿色施工，而随着国家国民基本文化素质的提升，不断深化绿色施工的概念和内涵，在国家战略政策和技术水平不断发展的年代，绿色施工不仅包含了文明施工，还从施工过程中出现的施工技术和工艺上得到了环保的重视，以及在施工过程中采用了节约能源、水资源和材料资源等施工技术，因此，绿色施工高于、严于文明施工。

　　3）绿色施工与节约型工地。建设节约型工地是建筑节能延伸的方向，节约型工地的实质就是工地节能。建设节约型工地是指以建筑施工企业为主，在施工过程中围绕施工工地，通过优化建筑施工方案，强化建筑施工过程管理，开发建筑施工新技术、新工艺、新标注等方法，运用科技进步、技术创新等手段开展节能工作，以符合建筑节能、节地、节水、节材等要求，实现资源能源的节约和循环利用。

　　绿色施工是以环境保护为前提的"节约"，其内涵相对宽泛。节约型工地相对于绿色施工，其涵盖范围相对较小，是以节约为核心主题的施工现场专项活动，重点突出了绿色施工的"节约"要求，是推进绿色施工的重要组成部分，对于促进施工过程最大限度地实现节水、节能、节地、节材的"大节约"具有重要意义。比如目前广泛使用的雨水废水回收系统就是节约型工地的典范，通过建立初期雨水收集与再利用系统，从而充分收集自然降水用于施工和生活中适宜的部位。

5.1.2 绿色施工的总体框架

绿色施工技术不仅对建筑施工企业具有重要的指导作用，还有利于提高建筑施工质量和效益。在房屋建筑施工过程中，绿色施工全过程主要有施工策划、确定方案、采购物资、施工组织以及工程验收等各个方面，绿色施工管理过程总体框架涵盖了施工管理、环保、节材、节水、节能、节地六个方面的基本指标。

目前的绿色施工框架由2007年建设部发布的《绿色施工导则》确定。随着信息技术与建筑业的融合，在《绿色施工导则》的总体框架基础上添加人力资源节约与保护和现代信息技术，成为更加契合发展的绿色施工框架。具体绿色施工框架如图5-1所示，而后面的章节也将依照绿色施工总体框架进行展开。

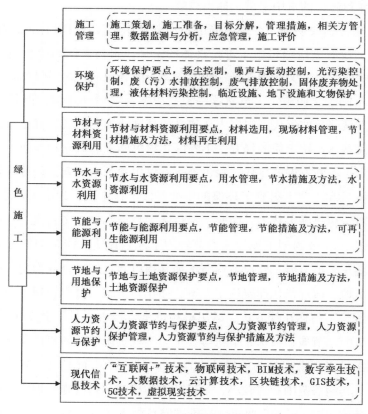

图5-1　绿色施工框架图

5.2 绿色施工过程

5.2.1 绿色施工策划与准备

（1）绿色施工策划

绿色施工策划工作包括影响因素分析、确定目标、制订措施、编制专项方案。项目开工前，根据整体目标，结合项目实际，对影响项目绿色施工开展的管理、资源、环境、人员等因素进行全面分析，形成绿色施工影响因素清单。策划的目的主要是要明确绿色施工的目标。

在目标下，专项方案应当根据国家和地方绿色施工要求以及策划结果编制，并达到技术可行、经济合理、环境无害的要求。根据合同要求，专项方案应报监理单位或建设单位审批。绿色施工专项方案主要包括章节目内容如下：

①工程概况：工程概况、现场施工环境概况。

②编制依据：法律依据、标准依据、规范依据、合同依据、技术依据。

③绿色施工目标：绿色施工总体目标、绿色施工目标分解。

④项目绿色施工管理组织机构及职责：绿色施工组织机构图、绿色施工岗位职责、项目相关方绿色施工职责。

⑤施工部署：绿色施工的一般规定、施工部署、施工计划管理。

⑥绿色施工具体措施：环境保护措施、节材与材料资源利用措施、节水与水资源利用措施、节能与能源利用措施、节地与土地资源保护措施、人力资源节约与保护措施、创新与创效措施、绿色施工技术经济指标分析。

⑦应急预案。

⑧附图：施工平面布置图、现场噪声监测平面布置图、现场扬尘监测平面布置图、施工现场消防平面布置图。

（2）绿色施工准备

绿色施工准备工作包括基础资料准备、技术准备、施工临时设施建设、施工资源准备、绿色施工培训五个方面的内容：

1）基础资料准备。组织对施工现场、周围环境、水文地质条件进行调查，收集相关资料。

2）技术准备。组织项目经理部管理人员学习相关文件、标准及图纸，编制相关技术文件，施工前进行交底，交底应含有绿色施工内容。

3）施工临时设施建设。按技术文件要求布置施工区、生活区和办公区等施工临时设施。

4）施工资源准备。按技术文件，分批次组织施工人员、物资、机械设备等进场。

5）绿色施工培训。编制绿色施工培训计划，定期开展管理人员及施工作业人员绿色施工相关制度、标准、方案等文件培训。

5.2.2 绿色施工过程管理

（1）目标分解与落实

1）目标分解

项目经理部应对环境保护、节材与材料资源利用、节水与水资源利用、节能与能源利用、节地与土地资源保护、人力资源节约与保护评价等指标进行目标分解，目标分解及定量指标按照国家和地方相关规定执行。

2）过程控制

在过程绿色施工控制中应做好绿色施工过程检查、整理分析，对照目标进行过程评价。并根据评价结果，制定纠偏措施，实施偏差控制，持续改进。另外，应对绿色施工措施费用使用情况进行过程管理，保证专款专用。

（2）相关方管理

项目经理部应建立相关方管理制度，明确相关方绿色施工管理职责，对相关方开展绿色施工相关知识培训及技术交底，并组织开展相关方绿色施工检查考核。相关方应履行合同或协议中的绿色施工责任。

（3）数据监测与分析

绿色施工过程中，为了更好地对现场的绿色施工情况进行管理与规划，应当分项进行实时的数据监测与分析。数据监测是指应当以智能化管理系统为依托，开展扬尘、噪声、污（废）水等污染物监测工作，对水、电、污染物等进行统计、记录，形成数据库。结果分析是指对收集数据定期组织与管理目标对比分析，依据分析结果采取改进措施。

（4）应急管理

绿色施工应急管理应关注与突发群体性事件、新闻舆情事件的联动。应将绿色施工应急管理纳入各单位应急管理体系中，并满足规程等相关要求。根据危险有害因素辨识，针对粉尘、噪声、污水超标排放，有毒有害物质泄漏，生态环境破坏等突发事件，制定应急预案。当发生下列情况时，应启动应急响应：

1）当发生意外粉尘大面积排放情况时，应立即查清粉尘排放原因，对造成粉尘排放的施工作业下达停止施工或部分停止施工命令，并采取喷水、吸尘或其他有效措施。

2）当发生强烈噪声排放时，应立即查明噪声源，并对发生强烈噪声的施工区域采取停止施工、部分停止施工或有效的隔声措施。

3）当发生有毒有害物质泄漏事故时，应立即查明有害物质的种类，设立预防隔离区，并由专业人员采取有效治理措施。

4）当发生暴雨侵袭事件时，应立即组织人员和设备，将渍水排出施工场界。

5.3 绿色施工要素

5.3.1 环境保护

环境保护是近年来国家管控的重点内容，在建筑工程施工过程中会对周围环境造成巨大破坏，绿色施工中的环境保护主要从扬尘、噪声与振动、光污染、废（污）水排放、废气排放、固体废弃物处理、液体材料污染控制、危险废物控制以及邻近设施、地下设施和文物保护几个方面进行要求。

（1）扬尘污染控制

1）扬尘污染源识别

项目经理部结合分项工程施工以及施工场地对扬尘污染源进行识别，主要包括但不限于以下污染源：拆除作业、土石方作业、施工现场砂石、水泥、沥青混合料等材料运输与存储、砂浆拌和系统、垃圾清理、土质改良、木工加工场等。

2）施工过程扬尘控制

施工现场扬尘排放应符合现行《大气污染物综合排放标准》GB 16297—1996的规定，宜在施工现场安装扬尘监测系统，实时统计现场扬尘情况。应当按要求降尘，易产生扬尘的施工作业面应采取降尘防尘措施。风力四级以上，应停止土方开挖、回填、转运以及其他可能产生扬尘污染的施工作业。

施工现场宜安装自动喷淋装置、自动喷雾抑尘系统，采取扬尘综合治理措施技术。并宜采用商品混凝土及商品砂浆应用技术。裸露地面、堆放土方等按要求采取覆盖、固化、绿化等抑尘措施。易产生扬尘的机械设施也宜配备降尘防尘装置。易产生扬尘的建材应按要求密闭贮存，不能密闭时应采取严密覆盖措施。主要道路应进行硬化处理，并进行洒水降尘。

建筑物内的施工垃圾清运宜采用封闭式专用垃圾道或封闭式容器吊运；施工现场宜设密闭垃圾站，生活垃圾与施工垃圾分类存放，并按规定及时清运消纳。建筑垃圾土方砂石运输车辆应采取措施防止运输遗撒，施工现场出入口处设置冲洗车辆的设施。

3）扬尘监测

通过监控系统随时监控工地现场扬尘情况，施工现场安装PM2.5和PM10监控系统，通过系统检测数据进行现场控制（图5-2）。

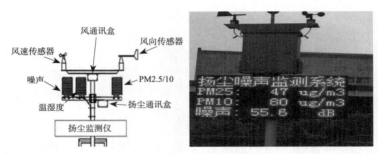

图5-2　扬尘检测系统

（2）噪声与振动污染控制

噪声与振动测量方法应符合现行《建筑施工场界环境噪声排放标准》GB 12523—2011的规定，宜对施工现场场界噪声与振动进行实时监测和记录。

1）噪声与振动源识别

项目经理部对施工作业及使用的机械设备产生的噪声与振动进行识别，主要包括但不限于表5-1所示类型。

不同施工作业的噪声来源及限值　　　　　　　　表5-1

施工作业	主要噪声源	噪声限值（dB）	
		昼间	夜间
拆除	破碎锤、挖掘机、风镐、空压机等	70	禁止施工
土石方	推土机、挖掘机、装载机、运输车辆等	75	55
桩基	各种打桩机等	85	禁止施工
混凝土	混凝土搅拌机、振捣棒等	70	55
材料加工	电锯、钢筋切断机等	70	禁止施工

注：1.夜间噪声最大声级超过限制的幅度不得高于15dB；
2.当场界距噪声敏感建筑物较近，其室外不满足测量条件时，可在噪声敏感建筑物室内测量，并将上表中相应的限值减10dB作为评价依据。

2）噪声与振动控制措施

噪声排放应符合现行国家标准《建筑施工场界环境噪声排放标准》GB 12523—2011的规定。具体措施如下：

施工中优先使用低噪声、低振动的施工机具；施工现场的强噪声设备采取封闭等降噪措施。如在施工过程中选用低噪声的钢筋切断机、振捣器、发电机、木工圆盘锯等设备（图5-3、图5-4）。

图5-3　低噪声钢筋切断机　　　　　图5-4　低噪声振捣器

合理安排施工时间，确需进行夜间施工的，应在规定的期限和范围内施工。如中考和高考期间，离考场直线距离500m范围内，应禁止产生噪声的施工作业，停止夜间施工。

施工现场应设置连续、密闭的围挡（图5-5）。围挡采用硬质实体材料，高度达到地方规定要求。

图5-5　现场围挡

3）场界噪声与振动监测

施工现场宜设置噪声实时监测系统或配备可移动噪声测量仪（图5-6）。

（3）光污染控制

1）光污染源识别

项目经理部结合施工作业对光污染源进行识别，主要包括但不限于夜间照明、电弧焊接等。

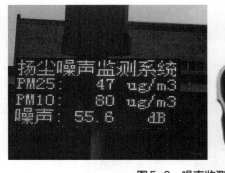

图5-6　噪声监测

2）施工过程光污染控制

为减少或避免光污染，应采取遮光或全封闭等措施，必要时限时施工。具体措施与管理重点如下：

应当采取限时施工、遮光和全封闭等措施，避免或减少施工过程的光污染。夜间施工照明范围集中在施工区域，大型照明灯具安装应有俯射角度，设置挡光板控制照明范围。限制夜间照明光线溢出施工场地。大型照明灯具如图5-7、图5-8所示。

图5-7　大型照明灯设置　　　　　图5-8　起重机安装照明灯图

电焊作业及夜间照明应有防光污染的措施。宜搭设操作棚，避免造成光污染，或者在焊点周围设挡板，挡板高度和宽度以不影响周围居民场所为宜。

临建设施宜使用防反光玻璃等弱反光、不反光材料。

（4）废（污）水排放控制

1）废（污）水污染源识别

项目经理部结合施工作业及生活区域产生的废（污）水污染源进行识别，主要包括但不限于：生产废（污）水（施工排水、车辆冲洗水、拌合系统产生的废水、建筑物上部施工用水产生的废水、基坑内废水、泥浆处理产生的废水、石料冲洗、围堰施工振动引起的底泥扰动迁移、半幅导流阶段水土流失造成地表水污染等）；生活废（污）水（食堂、厕所、淋浴间产生的污水等）。

2）施工过程废（污）水排放控制

施工现场应设置排水沟、沉淀池等处理设施；临时食堂应设置隔油沉淀等处理设施；临时厕所应设置化粪池等处理设施；所有废（污）水处理设施应进行防渗处理，避免渗漏污染地下水。施工机械设备使用和检修时，应控制油料污染，清洗机具的废水和废油不得直接排放。

宜采取水资源综合利用技术，减少废（污）水排放。使用非传统水源和现场循环水时，宜根据实际情况对水质进行检测。

3）废（污）水排放监测

对生产废水排放量及回用量进行统计监测。对生活污水定期进行检测，污水检测指标根据项目所在地相关部门污水排放要求设置，发现超标时，及时排查原因，采取相应的处理措施，确保污水排放达标。废（污）水检测如图5-9所示。

图5-9 废（污）水检测

（5）废气排放控制

1）废气污染源识别

项目经理部对施工过程中产生的废气进行识别，主要包括但不限于：施工机械设备排放的废气、施工工艺产生的废气、生活废气等。

2）废气排放控制措施

施工现场宜配备可移动废气测量仪（图5-10），对易产生废气的机械设备进行定期监测，形成数据台账；根据数据情况，启用相应的废气措施。对于危险性用气、粉尘和有毒有害作业，相关专业应认真识别与自查，并制定相应技术措施和应急措施。

3）废气监测

施工现场所选柴油机械设备的烟度排放，应符合现行《非道路移动柴油机械排气烟度限值及测量方法》GB 36886—2018的规定，禁止使用明令淘汰的机械设备。当机械使用柴油时，宜设置尾气吸收罩（图5-11）。

图5-10　移动废气测量仪

图5-11　尾气吸收罩

沥青加工处理过程中，应对产生的沥青污染物采取相应防治措施，排放应符合《大气污染物综合排放标准》GB 16297—1996及《工业炉窑大气污染物排放标准》GB 9078标准规定。

食堂应安装油烟净化设施，并保证操作期间按要求运行，且油烟排放应符合现行《饮食业油烟排放标准》GB 18483—2001的规定。

对施工过程中产生的电焊烟尘应当采取防治措施。并且施工现场禁止焚烧产生有毒、有害气体的建筑材料。

（6）固体废弃物控制

1）固体废弃物来源识别

项目经理部需对生产和生活过程中产生的固体废弃物来源进行识别。生产废弃物主要来自施工生产、使用和维修、拆除。施工过程中产生的主要有碎砖、混凝土、砂浆、包装材料等；使用和维修过程中产生的主要有塑料、沥青、橡胶等；拆除中产生的主要有废混凝土、废砖、废瓦、废钢筋、木材、塑料制品等。生活办公废弃物包括食物、烟头、食品袋、办公用纸、报纸、各类印刷品等。固体废弃物分类见表5-2。

固体废弃物分类　　　　　　　　　　　　　　表5-2

项目	可回收废弃物	不可回收废弃物
建筑垃圾	铁丝、铁钉、废扣件、废钢管、废模板、土渣、砖渣、砂子、干沙灰、废安全网、废油桶类、废灭火器罐、废塑料布、废化工材料及其包装物、废玻璃丝布、废铝箔纸、油手套、废聚苯板和聚酯板、废岩棉类等	瓷质墙、地砖、纸面石膏板、变质过期的化学稀料、废胶类、废涂料、废化学品类等
生活办公垃圾	办公废纸、报废电缆线、报废电器设备、塑料包装袋等	食品类、废墨盒、废色带、废计算器、废灯管、废电池、废复写纸等

2）固体废弃物控制措施

应制定建筑垃圾减量计划及回收利用措施，可按照《工程施工废弃物再生利用技术规范》GB/T 50743—2012的规定执行。施工现场采取措施减少固体废物的产生。

施工现场的固体废物按有关管理规定进行分类收集并集中堆放，储存点宜封闭，对固体废物产生量进行统计并建立台账。固定垃圾站如图5-12所示。施工现场宜选择建设可周转式垃圾站（图5-13）。

图5-12　固定垃圾站

图5-13　可周转式垃圾站

应当设置明显的分类堆放标识（图5-14）。按有毒、有害废弃物，可回收弃物，不可回收废弃物分类堆放。对有毒有害废弃物单独堆放，设明显标识（图5-15），

图5-14　有害物标识

图5-15　垃圾分类收集

应交有处理资质单位处理。

　　建筑垃圾、生活垃圾及时清运并处置，建筑垃圾运输单位应经当地建筑垃圾管理部门核准。在生活区设置分类垃圾桶，分装废纸张和纸制品、塑料制品、金属类、其他类等，并定期清理。收集箱收集的废弃物分类见表5-3。采用封闭式环保车并结合相关标准运送到政府批准的消纳场所进行处理、消纳。

收集箱分类收集的废弃物　　　　　　　　　　　　　表5-3

序号	收集分类	主要收集内容
1	生活垃圾箱	废弃食物、烟头、茶叶、食品袋、清扫卫生垃圾、落叶
2	废纸收集箱	办公用纸、报纸、各类印刷品
3	含油废弃物收集箱	废油手套、油抹布、油棉纱
4	泔水收集箱	泔水
5	需特殊废弃物收集箱	废灯管、废电池、废蓄电池、废放射源

　　3）固体废弃物监测

　　施工现场宜建立地磅系统，对外运垃圾进行称重。地磅系统如图5-16、图5-17所示。项目部需对产生的固体废弃物进行定期监测，形成数据台账；根据数据情况，制定相应的处理措施。

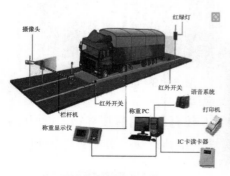
图5-16　地磅系统

图5-17　地磅系统现场图

　　（7）液体材料污染控制

　　1）液体污染源识别

　　项目经理部结合实际工程对液体污染源进行识别，主要包括但不限于以下污染源：油料、油漆、涂料、稀料等化学溶剂。

　　2）液体材料污染控制

　　施工现场存放的油料和化学溶剂等物品应设专门库房，地面应做防渗漏处理。

废弃的油料和化学溶剂应集中处理，不得随意倾倒。易挥发、易污染的液态材料应使用密闭容器储存，并对使用过程进行管控。

现场清洗设备的废油和其他清洗剂污水不得直接倒入下水道排放，应按有关规定经特殊处理后达标排放，不能处理的要装入容器内妥善保存。在施工机械底部放置接油盘，设备检修及使用中产生的油污，集中汇入接油盘中，避免直接渗入土壤（图5-18）。接油盘定期清理，清理时，油污液面不得超过接油盘高度1/2，防止油污溢出。

施工现场液体材料存放地配置醒目警示标识。有毒物品存放标识如图5-19所示，封闭储油罐如图5-20所示。

图5-18　接油盘

图5-19　有毒物品存放标识　　　　图5-20　封闭储油罐

（8）危险废物控制

国家危险废物名录规定的废弃物不得随意堆弃，收集后应及时委托有资质的第三方机构进行处理。有毒有害废弃物的分类率应达到100%，对有可能造成二次污染的废弃物应单独储存，并设置醒目标识。

（9）临近设施、地下设施和文物保护措施

1）临近设施

施工区域内有电线杆、铁塔，进行土方作业时，在离电线杆、铁塔10m范围内，应禁止机械作业，宜采用人工挖土。打桩施工期间，应安排专人对邻近的建筑物进行监测，对周围建筑物造成影响时，应采取减振措施。

2）地下设施保护措施

城市地下市政管线主要有煤气管、上水管、雨水管、污水管、电力电缆、通信电缆、光缆等，根据其材性和接头构造可分为刚性管道和柔性管道。城市地下市政管线是监测的重点。

施工前应调查清楚地下各种设施，做好保护计划，应保护煤气管、上水管、雨水管、污水管、电力电缆、通信电缆、光缆等地下管线、建筑物、构筑物的标识，防止遭到破坏。

土方开挖前，应熟悉地质、勘察资料，会审图纸，了解地下构筑物、基础平面与周围地下设施管线的关系，防止破坏管网。应向施工作业人员进行技术交底，施工现场应设专人监督观测。施工区域内有地下管线或电缆时，在距管线、电缆顶上30cm时，应采用人工挖土，并按施工方案对地下管线、电缆采取保护或加固措施。

基坑挖土施工时，应对周围地下管线的沉降和位移进行监测。

3）文物保护措施

施工前应制定地下文物保护应急预案，对施工现场的古迹、文物、墓穴、树木、森林及生态环境等采取有效保护措施。施工现场发现文物古迹、古树及地下文物应及时上报文物部门，并协助做好保护措施（图5-21）。施工区域内，有国家保护树种，不宜移植时，建议设计部门修改设计，防止损坏。在文物保护区域内进行土方作业时，应按文物管理部门的要求进行。

图5-21　树木保护

5.3.2 资源节约

（1）节材与材料资源利用

绿色施工节材与材料资源利用应当根据就地取材的原则，优先选用绿色、环保、可回收、可周转材料。建立健全限额领料、节材管理等制度，加强现场材料管理。工程应编制材料计划，合理使用材料。通过工艺和施工技术创新，优化使用方案，减少材料损耗，提倡再生利用。施工期间充分利用场地及周围现有给水、排水、供暖、供电、燃气、电信等市政管线工程。具体实施重点如下：

1）材料选用

施工现场宜推广新型模架体系，如铝合金、塑料、玻璃钢和其他可再生利用材质的大模板和钢框镶边模板等。利用粉煤灰、矿渣、外加剂等新材料，减少水泥用量。临时办公、生活用房及构筑物等合理利用既有设施，临建设施宜采用工厂预制、现场装配的可拆卸、可循环使用的构件和材料等。

工程材料。购入的材料符合设计要求，并满足现行国家绿色建材标准。在技术经济合理条件下，选用满足设计要求和节能降耗的建筑材料，推广使用节能或环保型建材产品。

周转材料。选用耐用、维护与拆卸方便的可周转材料和机具。周转材料应定期进行维护，延长周转材料使用寿命。

临时设施。现场临时设施所使用的材料优先使用可重复利用的材料。

2）现场材料管理

根据施工进度、库存情况等，编制材料使用计划，建立限额领料、节材管理等制度，加强现场材料管理。

材料管理制度与计划。项目经理部制定材料管理制度，制定详细的节约材料的技术措施和管理措施。编制材料计划，根据施工进度、库存情况等合理安排材料的采购、进场时间和批次，减少库存。

材料装卸和运输。科学规划材料场及运输路线，减少二次搬运造成能源消耗和材料损坏损失。车辆运输材料时，材料不应超出车厢侧板，防止碰撞导致材料损坏，造成对环境的污染。工程粒料运输车应采用密闭的箱斗，防止沿途撒漏。人工搬运材料时，注意轻拿轻放，严禁抛扔。

材料存储。根据材料的物理性能、化学特性、物体形状、外形尺寸等，选择适宜的储存方法。

3）材料再生利用

采用可再利用材料、垃圾及固体废物分类处理及回收利用，建筑垃圾减量化与资源化利用技术。如建筑垃圾破碎制砖技术（图5-22、图5-23）、废旧材料加工定型防护技术（图5-24）、弃土再生建材填筑技术、挖方石材再利用技术等。

图5-22 建渣破碎机

图5-23 建筑垃圾砖制砖机

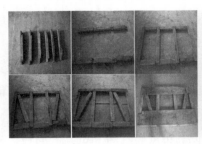

图5-24 利用旧木板及竹胶板做悬挑层的硬封闭防护

（2）节水与水资源利用

施工用水应进行系统规划并建立水资源保护和节约管理制度。施工现场的办公区、生活区、生产区用水单独计量，建立台账。采用耐久型管网和供水器具并做防渗漏措施。施工现场办公区生活的用水宜采用节水器具。结合现场实际情况，充分利用周边水资源。

1）水资源节约

生产区、办公区、生活区用水分项计量，建立用水台账。定期进行用水量分析，并将用水量分析结果与既定指标对比，及时采取纠偏措施。现场用水管理如图5-25、图5-26所示。现场临时用水系统应根据用水量设计，管径合理、管路简捷；本着管路就近、供水畅通的原则布置，管网和用水器具不应有渗漏。

图5-25 计量水表

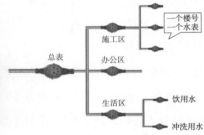
图5-26 现场用水分区计量

施工宜采用先进的节水施工工艺，并严格控制用水量，施工用水宜利用非传统水源，建立雨水、中水或其他可利用水资源的收集利用系统。

使用节水型器具并在水源处设置明显的节约用水标识。办公生活区的食堂、卫生间、浴室等，节水器配置率达到100%。节水器应用如图5-27、图5-28所示。生活区的洗衣机、淋浴等可采用计量付费方式，控制用水量，提高人员节约用水意识。

图5-27　感应洗手池

图5-28　节水型冲洗水箱

2）水资源保护

为保护水资源，应当推广非传统水源利用、废水排放综合处理技术、封闭降水及水收集综合利用技术。如现场机具、设备、车辆冲洗用水，路面、固废垃圾清运前喷洒用水、绿化浇灌等用水，优先采用非传统水源，不宜使用市政自来水。混凝土养护用水应采取薄膜覆盖、涂刷养护液、覆盖木刨削、草袋、草帘、棉毡片或其他保湿材料等有效的节水措施。进行养护和淋水试验的水，宜采用沉淀池中的过滤水，养护时采用节水的喷雾装置喷水，并循环使用。混凝土洗泵水和养护用水循环重复利用如图5-29所示。

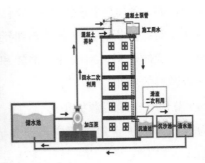
图5-29　混凝土洗泵水和养护用水循环重复利用

（3）节能与能源利用

为节约能源，施工现场应当建立节能与能源利用管理制度，明确施工能耗指标，制定节能降耗措施。建立主要耗能设备设施管理台账，机械设备应定期维修保养确保良好运行工况。严格按照国家规定的口径、范围、折算标准和方法对能耗进行定期监测，建立能源消耗统计台账，夯实能耗定额、计量、统计等基础管理工作。禁止使用国家明令淘汰的施工设备、机具及产品，优先使用国家、行业推荐的节能、高效、环保的施工设备和机具，选用变频技术的节能设备等。以及根据当地气候和自然资源条件，利用太阳能、地热能、风能等可再生能源。

1）现场用电节约

现场用电节约应当采用节能型灯具和光控开关设置，临时用电设备宜采用自动控制装置。如施工中楼梯间及地下室临电照明的节电控制装置。临电配电箱如图5-30、图5-31所示。

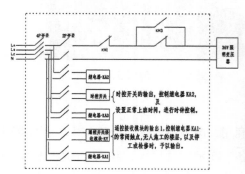

图5-30 配电箱内控制原理图　　　　　　图5-31 配电箱实图

规定合理的温、湿度标准和使用时间，提高空调的运行效率，运行期间关闭门窗。使用电焊机二次降压保护器，提高安全性能，降低电能消耗。

2）现场燃料节约

现场燃料节约应当制定现场燃料管理制度，设定燃料控制指标，定期进行计量、核算、对比分析，并有预防与纠正措施。机械设备宜使用节能装置、节能型油料添加剂、优质燃料，减少油料消耗和废气排放。施工现场宜使用清洁能源，降低煤和木质燃料的利用。

（4）节地与土地资源保护

为节约与保护土地资源应当建立节地与土地资源保护管理制度，制定节地措施。编制施工方案时，应对施工现场进行统筹规划、合理布置并实施动态管理，避免土地资源的浪费。现场堆土应采取围挡，防止土壤侵蚀、水土流失。宜利用既有建筑物、构筑物和管线或租用工程周边既有建筑为施工服务。工程施工完成后，应进行地貌和植被复原。

1）土地资源节约

施工总平面图应当根据功能分区集中布置各类临时设施，合理规划。在施工实施阶段按照施工总平面图要求，设置临时设施、道路、排水、机械设备和材料堆放等占用的场地。因设计变更、施工方法调整、施工资源配置变化、施工环境改变、施工进度调整等因素的影响，施工现场布置实施动态管理，减少或避免临时建筑拆迁和场地搬迁。施工平面动态布置如图5-32所示。

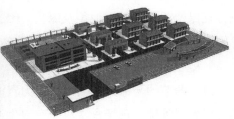

图5-32　施工平面动态布置

施工现场临时道路布置宜与原有及永久道路兼顾考虑，并充分利用拟建道路为施工服务，施工道路宜形成环路，满足各种车辆机具设备进出场和消防安全疏散要求，方便场内运输。

施工现场材料仓库、钢筋加工厂、作业棚、材料堆场等布置宜紧凑，充分利用荒地、山地、空地和劣地；宜靠近现场临时交通线路，缩短运输距离，便于装卸。材料集中堆放，现场宜储备三天材料需用量，有效减少材料的堆放用地量。材料集中堆放如图5-33所示。

图5-33　材料集中堆放

建筑物主体混凝土构配件宜采用预制技术，减少施工现场各类加工场占地。施工前做好取、弃土场等工程临时占地的设计和恢复，做好土石方平衡，减少运土量和运土距离，减少土地占用，保护耕地。在满足环境保护和安全、文明施工的前提下，减少临时用地的废弃地和死角，使临时用地占地面积的有效利用率大于90%。

2）土地资源保护

施工时，应覆盖施工现场的裸土，防止土壤侵蚀、水土流失。施工现场非临建区域宜采取绿化措施，减少场地硬化面积。优化基坑施工方案，减少土方开挖和回填量。优化场地平整方案，力求挖填方平衡，减少取土挖方量。

对路基施工挖方及借土过程中，及时进行洒水，用稻草等进行覆盖；取土完成后，恢复其原有地貌和植被，防止水土流失。充分利用施工用地范围内原有绿色植被，宜保留并使用原有地貌及绿化，因施工需要对植被造成破坏，应在完工后尽快对原有植被进行恢复。

（5）人力资源节约与保护

人力资源节约与保护应当建立人力资源节约和保护管理制度，进行施工现场人员实行实名制管理。现场食堂应当有卫生许可证，工作人员应持有效健康证明，关键岗位人员应持证上岗。针对空气污染程度应当采取相应措施，严重污染时应当停止施工。

1）人力资源节约

根据工程进度计划编制人员进场计划，合理投入施工作业人员。优化施工组织设计和施工方案，合理安排工序。建立劳动力使用台账，统计分析施工现场劳动力使用情况。采用机械化作业，减少人力投入，宜采用数字化管理和人工智能技术。

2）人力资源保护

制订施工防尘、防毒、防辐射等职业病的预防措施，保障施工人员的长期职业健康。定期统一组织员工体检，对职业危害岗位作业人员进行上岗前、在岗期间、离岗时的职业健康体检。员工定期体检如图5-34所示。

图5-34 员工定期体检

合理布置施工场地，保护生活及办公区不受施工活动的有害影响。施工现场建立卫生急救、保健防疫制度，现场宜设置医务室，制订职业危险突发事件应急预案，在发生安全事故和疾病疫情时提供救助。

制订食堂卫生、食材与生活用水管理制度，提供卫生、健康的工作与生活环境，加强对施工人员的住宿、膳食、饮用水等生活与环境卫生等管理，改善施工人员的生活条件。

为员工提供个人防护装备。个人防护装备是指员工在工作时所使用的装备。包括合格的安全帽、安全鞋、安全带、防护服、眼罩、手套、口罩、耳塞、减震器等，质量要符合国家的有关标准或其他专业标准。施工作业防护用品如图5-35所示。

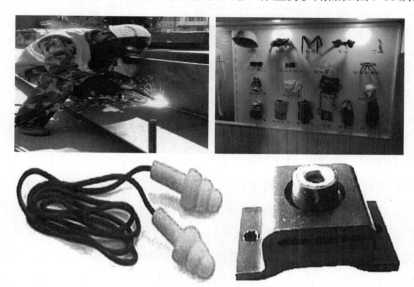

图5-35　施工作业防护用品

5.3.3　信息化管理

施工现场应将绿色施工纳入施工现场可视化管理范畴，宜通过对建筑物数字化建模并结合仿真分析，对专项方案实行比选和优化，合理界定绿色施工的各项目标与指标。应当采用现代信息技术，积极探索"互联网+"形势下管理、生产的新模式，积极推广物联网、BIM等技术的创新应用。

5.4　绿色施工与传统施工的联系

施工是指具备相应资质的工程承包企业，通过管理和技术手段，配置一定资源，按照施工组织设计和施工方案，为实现合同目标在工程现场所进行的各种生产活动。如图5-36所示，施工的概念涵盖五个要素：对象、资源配置、方法、验收、目标。绿色施工活动与一般施工一样，同样具有五个要素，且对象、资源配置、实现方法、产品验收都是相同的，但是绿色施工的施工目标管理数量有所增加，绿色施工更加强调以人为本，减轻劳动强度，改善作业条件的施工理念。

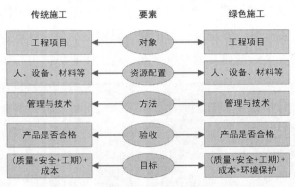

图5-36 传统施工与绿色施工的要素变化

绿色施工与传统施工相比有很大的区别。传统施工以满足工程本身指标为目的，往往以工程质量、工期为根本目标，在节约资源和环境保护方面考虑较少，具有高投入、高消耗、高排放和低效益的特点。当其他要素与质量、工期等指标发生冲突时，采取牺牲其他要素的方法来确保质量和工期，这样做的后果常常是工程本身的质量、工期达到了要求，但工程施工中对环境产生了很大的影响，也浪费了大量的不可再生资源，更甚者，工程竣工后很长时间后遗症尚在，无法达到建筑与自然和谐之目的。绿色施工技术是具有可持续发展思想的施工方法和施工技术在绿色施工中的具体呈现，是实现绿色节能建筑的必要技术手段。绿色施工的特点是资源节约、节能降耗、环境友好、经济高效。绿色施工在工程建设中更加注重对资源和能源的节约，对环境的有效保护，是科学发展观在建筑上的应用，对促进我国建筑行业的发展、提升现阶段我国建筑业的技术水平具有重要意义。

对于绿色施工的概念，通常认为高效的运营管理需要将技术、流程、资金和人等要素进行有效整合，向业主提供高质量的施工过程。绿色施工管理是基于传统施工的理念，从建筑全生命周期出发，有效利用物联网、数据挖掘等信息技术实现"四节一环保"的绿色目标。可见，绿色施工是以传统施工为基础，融入适宜的高新技术和可持续发展理念的新型施工方式。同时，绿色施工成本是指为了实现上述绿色施工的目标，保证各种绿色技术和设备设施的正常运行、维护、保养和更新所耗费的费用成本。故相比于传统施工，绿色施工应具有以下特征：

5.4.1 复杂性

绿色施工设计众多方面，使得该施工过程实现具有复杂性。此外，该过程涉及人员、设备、环境等多方面的目标对象，对这些目标对象的监控将产生大量的数据或命令，这些数据或命令存在于系统的各个角落，使得该系统的信息空间具有复杂性。

5.4.2 异构性

大型绿色公共建筑的管线、设备组成复杂多样，系统功能复杂，使得绿色施工具有异构性。由于过程的异构性，要求该过程是开放式的，能够支持跨平台并兼容多厂商、多系统和多格式的多源异构数据，使它能够集成多种功能和结构各异的过程。

5.4.3 自治性

绿色施工过程要求工作人员全面、实时了解建筑的运行状态，及时发现问题并给予反馈控制；通过对积累运行数据的挖掘分析，提前发现设施设备和能源消耗的异常状态，以改进建筑运行方案，提高运营成本管理的整体能效。所以，绿色施工除了要具有自动化运营维护的能力，也需要具有自我管理的功能，从而减少工作人员的工作量。

5.4.4 数据驱动性

绿色施工过程中需要采集大量的人员、设施设备、环境等方面的数据，并且在系统计算、决策、执行的过程中又会产生庞大的数据。此外，该过程包含多个子过程，因此相较于传统的模型驱动方式，数据驱动方式更符合该系统的特性需求。

5.5 绿色施工技术

5.5.1 环境保护混凝土输送管气泵反洗技术

目前，高层建筑在混凝土浇筑结束时，主要靠水洗的方法对混凝土泵及混凝土输送管由上至下进行清洗。掺有混凝土的污水灌入下一层或电梯井中的楼板上，对结构造成较大污染。为减少污染，宜采用混凝土输送管气泵反洗技术。

在作业面需要的混凝土量略少于泵车料斗内和混凝土输送管混凝土方量总和时，进行气泵反洗。适用于结构高度在50m以上的混凝土结构工程。气泵反洗技术主要机具有自制连接头（连接空气压缩机和布料机软管）、空气压缩机、柱状或球状橡胶球、适合工地起重机的料斗。利用混凝土的自重和空气压缩机推动橡胶球的压力，把混凝土从泵管中吹出。及时收集地面混凝土，再装入混凝土料斗，吊送至作业面进行使用。超出作业面方量的混凝土，可用于制作二次结构过梁等小型构件。气泵反洗技术如图5-37、图5-38所示。

图5-37 自制连接头　　　　　　　图5-38 连接体系

5.5.2 节材与材料资源利用—可周转定型的防护楼梯

在建的地下基础工程、地下空间工程、钢结构工程，需要设置临时安全通道，作为检测试验、监督检查、施工之用。传统上下安全通道采用钢管搭设，安全防护效果不理想，随着施工位置的变化，通道需要反复搭设，造成了极大的人力和物力的浪费。宜将临时通道设计成可周转定型的防护楼梯，以便于安装和运输。可周转定型的防护楼梯可工厂加工，根据现场的实际，采用不同的模数组合，可根据施工位置的变化，在不同部位安装，周转的效率很高，且满足安全要求。

可周转定型的防护楼梯如图5-39所示。

图5-39　可周转定型的防护楼梯实施效果图

5.5.3　节水与水资源利用—中水回收利用系统

将厨房洗菜水、洗衣水、淋浴水等用水进行收集，引入沉淀池，沉淀后污水再经过中水处理设备处理，去除其中洗洁精、洗浴液、油渍、污泥、悬浮颗粒等污染物，处理后的水水清无味、无泡沫，可用于生活区的绿化浇灌、车辆冲洗、道路冲洗、冲洗厕所等，从而达到节约用水的目的。中水回收池的澄清池内设置一台1.2kW的潜水泵，利用此泵将澄清池内的清水抽入蓄水箱内，安装计量表，记录使用情况。中水回收利用系统如图5-40、图5-41所示。

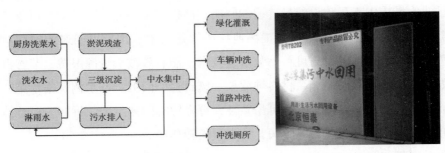

图5-40　中水回收示意图　　　　　图5-41　中水回用设备

5.5.4　节能与能源利用—变频技术

变频技术是通过变频器改变电机工作电源频率方式来控制交流电动机的电力控制设备。变频器主要由整流、滤波、逆变、制动单元、驱动单元、检测单元微处理单元等组成。变频器靠内部IGBT的开断来调整输出电源的电压和频率，根据电机的实际需要来提供其所需要的电源电压，进而达到节能、调速的目的。另外，变频器还有很多的保护功能，如过流、过压、过载保护等。

变频器目前广泛应用于起重机、水泵等各种大型建筑机械设备控制领域（图5-42、图5-43），它可减少设备的冲击和噪声，延长设备的使用寿命。目前变频器的制造越来越专门化、一体化和智能化。加强了变频器在特定方面的性能。可以使变频器成为电动机的一部分，这样体积更小，不必进行很多参数设定，控制更方便。且变频器本身具备故障自诊断功能，具有高稳定性、高可靠性及实用性，利用互联网可以实现多台变频器联动，形成综合管理控制系统。

图5-42　变频起重机　　　　　　图5-43　变频加压供水设备

5.5.5 节地与土地资源保护—临时设施可移动化节地技术

伴随着中国城市化进程的加速，市区内建筑密度越来越大。建筑工程施工场地狭小已成为城市内工程建设的最普遍的问题。高楼大厦高耸林立，为城市改造、拆旧建新带来极多的施工难题，施工场地狭小就是其中一个不可回避的问题。为解决这些问题，应用临时设施可移动化节地技术，能有效减少资源浪费，节省占地面积。如展示样板、钢筋地笼、材料堆放架、废料池、门卫、茶水棚、集水箱、混凝土路面、箱式板房等设施都具有可吊装性，可在短时间内组装及拆卸，可整体移动或拆卸再组装，减少长期占地时间，场内可周转移动。

移动样板如图5-44所示。

图5-44　移动样板

5.6 绿色竣工交付

5.6.1 绿色施工评价

   竣工标志着工程的完结，项目产品的生产是否实现了绿色施工，在竣工验收阶段应做好总结评价工作，使之与设计阶段和施工阶段对比参照，为绿色施工全过程做好收尾工作。工程项目竣工后，还应该对项目中绿色施工管理的开展情况进行评价与总结，对绿色施工整个过程采用的新技术、新设备、新材料和新工艺以及最终效果作出自我评估，找到满意的地方与不足的地方，对满意之处总结经验，在之后工程中继续保持。对不足之处查找原因，找到修改措施，在以后的工程中进行改进。同时还要对整个绿色施工项目所产生的经济、社会和环境效益进行综合的评价，记录归档，作为绿色施工项目的宝贵资料，为未来项目作参考。

5.6.2 竣工后场地复原

   施工过程必然会对原有的土地状况和资源环境产生一定影响，因此在工程竣工后要对施工场地进行恢复，使其尽量保持原有状态，实现全过程绿色施工管理。

   （1）将建筑垃圾进行分类清理，尽可能地回收再利用，并进行集中处理。

   （2）治理或绿化施工现场及周边被污染的绿地，既能够恢复原有的生态环境，又能防止水土流失、土壤盐碱化、塌方等情况的发生。

   （3）对施工过程中发生改变的场地进行平整、修复，恢复到原有甚至更佳的状态。

   （4）因施工造成污染或破坏的施工设施，应对其进行清理和维护。

   （5）综合管理弃土场和取土场，将施工过程中产生的弃土、弃石做遮蔽和防护处理，结合其他需求有效地利用。

课后习题

   1.绿色施工与传统施工的主要区别与联系？

   2.绿色施工要素主要包括哪些内容？

   3.绿色施工的施工组织体系是什么？

4. 绿色施工的目的及意义？

5. 绿色施工总体框架包括哪些组成部分？

参考文献

[1] 吕佰昌，张毅.虚拟现实技术在绿色建筑设计中的应用研究[J].河北建筑工程学院学报，2019，37（1）：76-79.

[2] 李守富.浅谈绿色施工的概念、发展、措施[J].建筑科技与经济，2019（3）.

[3] 马荣全.绿色施工概念解析及推广应用[R].中国建筑第八工程局，2018.

[4] 魏军威.现代建筑管理在绿色施工技术存在的意义[J]科学与财富，2018（13）.

[5] 姚锐，陈爽.论述绿色建筑施工技术要点[J].建筑工程技术与设计，2017（11）.

[6] 钱仁兴.基于绿色施工理念下建筑施工管理探析[J].科技创新与应用，2017（17）：245-245.

[7] 陈佰成.浅谈建筑工程施工绿色施工技术[J].中国住宅设施，2017（5）.

[8] 王春英.浅谈创建节约型工地、节约型施工企业[J].科技风，2009（13）：43.

[9] 王雪钰."一带一路"背景下对国际水电工程绿色施工与节能降耗的研究[D].西南交通大学，2019.

[10] 张桂云.绿色施工技术在建筑工程中的实践运用[J].建筑工程技术与设计，2015（22）：205-205.

[11] 王艳.房屋建筑绿色施工技术应用研究[D].东南大学，2019.

[12] 建筑界：了解绿色建造内涵，住建部专业人士解读《绿色建造技术导则（试行）》[DB/OL]. https：//www.jianzhuj.cn/news/56197.html. 2021-4-15/2022-04-05.

[13] 韩建坤.建筑工程绿色施工管理研究[D].石家庄铁道大学，2019.

[14] 李馨.建筑工程绿色施工评价研究[D].山东科技大学，2020.

[15] 李宏煦.生态社会学概论[M].北京：冶金工业出版社，2009：6.

[16] I. L. McHarg.设计结合自然[M].天津：天津大学出版社，2006.

[17] Nahmens, Isabelina. From lean to green construction：A natural extension[C]. Building a Sustainable Future-proceedings of the 2009 Construction ResearchCingress.2009：1058-1067.

[18] Arif, Mohammed. Green Construction in Indian：Gaining a Deeper Understanding[J]. Journal of Architecture Engineering，2009，15（1）：10-13.

[19] ICC makes rapid progress International Green Construction Code [EB/OL].2010.

[20] 王清勤.世界绿色建筑评估体系[Z]. 2018.

[21] G. Bassioni A study towards greener construction [J]. Original Research Article Applied Energy，Corrected Proof，Available，2010，10（12）.

[22] BREEAM（Building Research Establishment Environmental Assessment Method），Homepage，available at http：//www.bre.CO.uk.

[23] Raymond Cole，Nils Larsson.GBC2000 Assessment Manual. Ottawa：Green Building Challenge，2000：5-88.

[24] 美国绿色建筑委员会.绿色建筑评估体系第二版，LEEDTM2.0[M].北京：中国建筑工业出版社，2002.

[25] 日本可持续建筑协会.建筑物综合环境性能评价体系——绿色设计工具（CASBEE）[M].北京：中国建筑工业出版社，2005.

[26] 申琪玉，李惠强.绿色施工应用价值研究[J].施工技术，2005，11：60-62.

[27] 赵升琼.建筑可持续发展中的绿色施工技术[J].科技创业月刊，2009，7：31.

[28] 刘晓宁.建筑工程项目绿色施工管理模式研究[J].武汉理工大学学报，2010，22：51.

[29] 郭晗，邵军义，董坤涛.绿色施工技术创新体系的构建[J].绿色建筑，2011.1.

[30] 王军翔.绿色施工与可持续发展研究[D].济南：山东大学，2012.

[31] 肖绪文，冯大阔.建筑工程绿色施工现状分析及推进建议[J].施工技术，2013（1）：12-15.

[32] 肖绪文.建筑工程绿色施工[M].北京：中国建筑工业出版社，2013：268.

[33] 刘赵昊旻.基于BIM与知识管理的绿色施工信息化管理研究[D].武汉大学，2019.

[34] 王之千.基于虚拟现实技术的自然景观建筑空间设计与规划[J].重庆理工大学学报（自然科学），2020，34（3）：152-157.

[35] 刘创，周千帆，许立山，殷允辉，苏前广."智慧、透明、绿色"的数字孪生工地关键技术研究及应用[J].施工技术，2019，48（1）：5-8.

[36] 陶飞，刘蔚然，张萌，胡天亮，戚庆林，张贺，隋芳媛，王田，徐慧，黄祖广，马昕，张连超，程江峰，姚念奎，易旺民，朱恺真，张新生，孟凡军，金小辉，刘中兵，何立荣，程辉，周二专，李洋，吕倩，罗椅民.数字孪生五维模型及十大领域应用[J].计算机集成制造系统，2019，25（1）：1-18.

[37] 中华人民共和国住房和城乡建设部.关于做好《建筑业10项新技术（2017版）》推广应用的通知[EB/OL].http：// www.mohurd.gov.cn/wjfb/201711/t20171113_233938.html，2017-10-25/2022-04-05.

[38] 杨富春，王静，谭丁文.《建筑业10项新技术（2017版）》信息化技术综述[J].建筑技术，2018，49（3）：290-295.

[39] 唐永军.基于云计算的建筑工程监控系统的设计与实现[J].山西建筑，2020，46（13）：189-190.

[40] 王艺蕾，陈烨，王文.基于数字孪生的绿色建筑运营成本管理系统设计与应用[J].建筑节能，2020，48（9）：65-70.

[41] 罗永康.浅析大数据技术在建筑施工技术中的应用前景[J].山西建筑，2020，46（16）：

180-182.

[42] 魏炜，张宗才，张华振，等.基于BIM与GIS的城市工程项目智慧管理[C].中国土木工程学会2018年学术年会论文集.北京：中国建筑工业出版社，2018.132-140.

[43] Li Yan，Gaoxiong，Liu Xiaowei，Zhang Ruijue，Wu Yansheng. Green Construction Evaluation System Based on BIM Distributed Cloud Service[J]. IOP Conference Series：Earth and Environmental Science，2021，760（1）.

[44] Tang Xiaoqiang. Research on Comprehensive Application of BIM in Green Construction of Prefabricated Buildings[J]. IOP Conference Series：Earth and Environmental Science，2021，760（1）.

[45] 刘玉茂.5G物联网技术时代建设工程项目信息管理领域的发展前景[J].城市住宅，2020，27（6）：118-120.

[46] 王梦超.基于区块链与BIM技术的绿色建筑管理平台的应用研究[J].智能建筑与智慧城市，2020（7）：65-66，68.

[47] 万晓曦.港珠澳大桥的绿色施工创新技术[J].中国建设信息化，2017（8）：19-23.

[48] 王冠.全面绿色施工管理的研究[D].石家庄铁道大学，2016.

[49] 阎文.基于施工全过程的绿色施工评价体系研究[D].西安建筑科技大学，2011.

[50] 包媛媛.基于施工全过程的绿色施工评价体系研究与实践[D].江苏大学，2019.

6

绿色建造——运维阶段

导读：绿色建筑最大特点是将可持续性和全生命周期综合考虑，从建筑的全生命周期的角度考虑和运用"四节一环保"目标和策略，才能实现建筑的绿色内涵。而建筑的运行阶段占整个建筑全生命时限的95%以上，可见要实现"四节一环保"的目标不仅要使这种理念体现在规划设计和建造阶段，更需要提升和优化运行阶段的管理技术水平和模式并在建筑的运行阶段得到落实，因此运行管理模式和策略关系到绿色建筑建设的成败，是真正实现绿色建筑内涵的关键之一。

6.1 绿色运维的定义与原理

传统意义上的建筑运维是对建筑运营过程的计划、组织、实施和控制，通过物业的运营过程和运营系统来提高建筑的质量，降低运营成本、管理成本以及节省建筑运行中的各项消耗。

绿色运维在传统运维的基础上进行提升，在给排水、燃气、电力、电信、保安、绿化、保洁、停车、消防与电梯等的管理以及日常维护工作中，坚持"以人为本"和可持续发展的理念，从建筑全寿命周期出发，通过有效应用适宜的高新技术，实现节地、节能、节水、节材与保护环境的目标。

在绿色建筑中，运营维护需要通过物业管理工作来体现。运营维护阶段应处理好住户、建筑和自然三者之间的关系，既要为住户创造一个安全、舒适的空间环境，又要保护好周围自然环境。因此绿色运维是保障绿色建筑性能，实现绿色建筑各项设计指标的重要环节。

当下绿色建筑运维涉及人员、空间、设备、资产、建筑物等多种因素，通过整合形成一个复杂管理系统。通过合理地配置建筑资源、组织流程，在保证建筑效率的同时，控制企业的管理成本，提高企业经济效益，并通过运维在安全的基础上延长建筑及其设施的使用周期，并且实现绿色建筑"四节一环保"的目标。

6.2 绿色运维管理模式

6.2.1 绿色运维管理模式概念

随着建筑物的功能和体量的增加，建筑运维管理从最初的建筑日常环境维护、楼宇管理逐渐形成相对复杂的、系统的管理过程。其中绿色建筑运维管理主要通过整合人、技术和设备，以建筑在设计、施工阶段的信息为基础，通过管理手段实现建筑功能的过程。在实现绿色建筑运维管理过程中需要多专业、多部门相互协作管理，因此可分为不同的功能结构，如机电专业、给排水专业、通信专业、暖通专业、安保专业、绿化保洁专业等。绿色建筑运维管理主要是通过建立以下三个系统之间的联系：

（1）建筑运维管理人员系统，建筑系统具有专业性的特点，因此在管理的过程中需要不同专业的运维人员参与到整个建筑运维管理的过程中。

（2）建筑物系统，是包括建筑物本体的硬件设施和各专业设备，硬件设施为满足各设备正常运行的功能提供的工作环境；专业设备构成了各个专业系统，以维持整个建筑物正常运行，实现建筑物的使用价值。

（3）功能系统，各平台分别依靠各专业维护数据、运行日志等信息建立各种数据表单，形成数据管理平台，并依靠管理人员的专业素质和经验进行管理。当前建筑运维管理模式是运维管理人员通过建立建筑物和设施设备联系，实现建筑及其设施、设备正常运行的功能。

6.2.2 绿色运维管理系统及其特征

绿色建筑运维管理通过整合从设计到施工阶段及其参与方的相关信息，将信息导入到建筑运维管理的信息平台，再通过运维管理团队（包含机电系统、给排水系统、通信系统、暖通系统、安保系统、绿化保洁系统等）使用和管理（图6-1）。

建筑运维管理在多部门的共同参与过程中完成运维管理工作，其模式具有以下特征：

（1）系统性，整个建筑需要多种专业整合在一起，共同为业主实现建筑的资产价值，因此建筑运维管理具有系统性的特征。不同的功能之间通过有机结合，建立

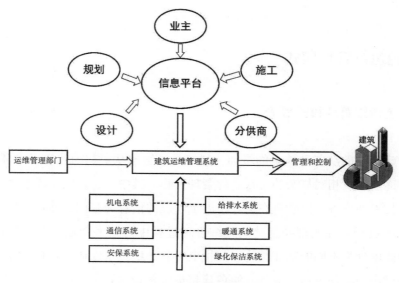

图6-1　绿色运维管理系统

统一、规范整体化的运维服务，以满足用户需求，任何一个专业分系统出现问题都会影响到整个运维管理工作，因此系统性是建筑运维管理模式的基本特征。

（2）独立性，在运维管理的过程中，各个专业设施设备在管理中通过独立的授权进行管理，各专业只能使用运维管理系统中的专业授权部分进行独立的运维管理。独立性是运维管理的基本要求，避免管理内容出现交叉影响到建筑运维管理的服务水平和效率。

（3）协同性，建筑的几何信息和非几何信息在运维管理的过程中是共享给各个专业系统，建筑各个功能系统相互关联，因此在运维管理过程中需通过共享信息，满足建筑运维管理系统性的特点。

6.3 绿色运维要素

在科技信息技术不断发展的今天，绿色运维系统最大的特点便是信息化，当然为了满足绿色建筑的设计指标和"四节一环保"的目标，因此在能源方面必须有其独特的能源管理系统。本小节将会介绍绿色运维中能源、新风、信息化、物业管理、水资源管理、垃圾管理这六个要素。

6.3.1 能源管理系统

能源管理系统最大的特点就是智能化，并在科技信息技术的不断推动下形成了智能建筑能源管理系统，而这个概念的形成主要来源于建筑设备管理系统，并依托于该系统的技术支持，应用计算机智能控制软件系统，对智能家电等一系列设备进行智能自动化管理，通过对智能家电运行的不断优化，实现能源节约的目的。国外能源管理的实践活动证明，使用智能化的建筑能源管理系统能够使建筑能源节约高达20%以上，这使建筑能源管理将受到更为广泛的应用。下面将介绍一下绿色建筑中能源管理系统的一些具体应用和组成。

（1）智能家电控制的应用

在现代化不断发展的今天，科技信息技术在不断提升，智能化给人们的学习和生活带来了巨大的便利，因此智能化设备已经成为市场中非常重要的组成部分。在节能建筑能源管理系统中，既包含了整体能源管理，也包含了计算机、无线通信、智能化信息处理和智能家电控制等方面。建筑能源管理系统在智能家电控制方面的应用，主要依托于计算机、无线通信、遥控等方式，使照明、空调等能源消耗按需分配，避免出现能源浪费的问题。

（2）智能照明控制系统

建筑照明的能源消耗已经达到了整体能源消耗的40%左右，是消耗能源的重要部分，因此有效控制建筑照明的能源消耗，是降低整体能源消耗的重要途径。站在节能建筑设计本身的角度来看，已经把自然光和人工照明充分地结合起来，在建筑能源管理系统中，也在不断优化智能照明，增加了建筑照明管理的力度。站在建筑能源管理系统技术的角度来看，智能化的照明系统是通过各个局域网组成的，依托于中央控制系统对每个局域网的控制，不仅仅能够满足建筑照明的需求，还能够有效的节约能源。另外，智能化照明系统可以通过传感设备，能够实现智能自动化的环境检测和感知，提高了建筑照明的智能化水平。

（3）智能空调控制系统

在智能空调控制系统中，主要依托于运行模式改变途径实现节能。具体的操作细节是：①通过收集历史检测数据进行分析，通过分析数据得知每个时间段建筑内部的温度，可以根据最后时间段建筑内部温度的实际情况选择合适的时间点进行提前关闭智能空调，以此来降低能源的消耗。②对供水温度进行智能自动化控制，根据室内和室外的实际温度，将供水温度调节到合理舒适的温度之上，不让室内温度过于高，在能够保证室内温度维持一个良好舒适的状态下，降低能源消耗。

（4）变风量运行智能控制系统

变风量运行智能控制系统主要就是为了控制空调的送风量，根据空调运行系统的实际需求，能够满足每个房间对于温度的需求，在保证能够给人们提供良好舒适的温度和风量的基础上，降低能源的消耗。

（5）可再生能源利用

到目前为止，社会能源消耗量在逐年往上增加，建筑能源消耗占据的比例比较大，所以应该在建筑行业增加节能建筑理念的宣传力度，是节能建筑更为广泛的应用，把与大自然和谐相处作为设计的核心，利用太阳能、风能等这些节能可再生能源，降低对传统能源的消耗，把无污染的新型能源作为节能建筑能源消耗的核心。在实际的建筑能源管理中包含两个方面：首先，就是可再生能源的直接应用，其主要应用领域就是冷热水和冷暖气的供应，比如太阳能制冷、制热技术、地热供暖系统的使用等。这主要依托于能源管理系统对建筑设备进行智能自动化的管理控制，在保证良好舒适度的情况下，在最大限度上降低能源消耗；其次，就是可再生能源的转化利用，就是把太阳能和风能经过能源转化成为电能，降低传统电能能源的消耗，实现节能环保，还要不断储备建筑能源，是可再生能源能够保证建筑能源消耗的需求。现在科技信息技术在不断提升，将会不断完善可再生能源的利用模式，完善可再生能源之间相互协作的模式，降低能源消耗，实现可再生能源多次利用。

（6）建筑能耗检测

建筑能耗检测是进行能耗评价的重要途径，也是能源消耗管理系统中非常重要的组成部分，另外，节能建筑的运营管理检测，也隶属于能源管理系统之中。到目前为止，我国的建筑能源管理系统依旧是初始发展阶段，在BAS系统的支持下，依旧是工程性系统，不能充分发挥能源管理系统中检测体系的作用。所以，增强建筑能源管理系统中的能耗检测将会是以后研究的重中之重。另外，在节能建筑设计的过程中，能源管理只是基础的组成部分，还要依托能源管理系统，从而实现节能环保的目标。在建筑能耗检测的过程中，能够对能耗检测的数据进行收集、整理、分析，能够及时发现问题并有效的解决，使节能建筑能够更好地节能和环保，并充分发挥能源管理系统的巨大作用，促进节能建筑能源管理系统更好地发展。

6.3.2 新风系统的运维管理

新风系统是由送风系统和排风系统组成的一套独立空气处理系统，它分为管道式新风系统和无管道新风系统两种。管道式新风系统由新风机和管道配件组成，通过新风机净化室外空气导入室内，通过管道将室内空气排出；无管道新风系统由新风机组成，同样由新风机净化室外空气导入室内。相对来说管道式新风系统由于工程量大更适合工业或者大面积办公区使用，而无管道新风系统因为安装方便，更适合家庭使用。

　　新风系统是根据在密闭的室内一侧用专用设备向室内送新风，再从另一侧由专用设备向室外排出，在室内会形成"新风流动场"，从而满足室内新风换气的需要。实施方案是：采用高风压、大流量风机、依靠机械强力由一侧向室内送风，由另一侧用专门设计的排风风机向室外排出的方式强迫在系统内形成新风流动场（图6-2）。在送风的同时对进入室内的空气进行过滤、消毒、杀菌、增氧、预热。

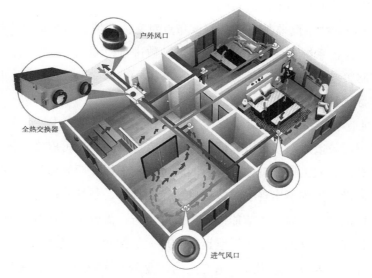

图6-2　新风系统

　　但是目前空调新风系统处理能耗在空调系统能耗中所占比重较大，与绿色建筑所遵循的节能减排理念所相悖。科学规范的新风系统运行调控策略和定期及时的维护管理不仅可以提高新风系统的运行效率而且可以降低空调系统的能耗。建筑新风系统运维管理影响着设备高效运行和室内环境质量。

　　对于新风系统来说，良好的运维管理不仅可以保证新风系统高效节能的稳定运行，同时可以最大限度地保证室内环境质量及室内人员的身体健康，因此在绿色建筑中，良好的新风系统的运维管理尤为重要。

　　新风系统技术作为保证室内环境质量的重要空调技术已普遍得到广泛的应用，新风系统技术实际运行情况和实际运行效果如何仍需进一步研究。新风系统在运行过程中后勤物业管理人员的运维调控对保证系统正常稳定高效节能的运行具有重要意义。

新风系统运维管理主要包含三大要素：新风过渡季节运行调节、室内污染物监控系统和运维管理记录。

（1）新风系统过渡季节运行调节指当室外空气焓值低于室内空气焓值得时候就可以将室外空气初步处理后直接送入建筑室内，应用室外自然冷源消除室内热负荷对室内环境进行调节，从而达到降低能耗，节约能源的目的。室内污染物浓度监控系统通常与通风系统联动运行，当室内污染物浓度如 CO_2 浓度等超过设定的限值100ppm时，触发指令与通风系统联动控制向室内输送新鲜空气，室内污染物浓度监控系统不仅可以对室内环境空气质量实时检测，还可以与通风系统联动控制，实现建筑通风需求从而达到节能的目的。

（2）室内污染物浓度监控系统与测试布点对室内环境参数测试有本质不同，首先污染物浓度监控系统不仅可以对室内环境参数进行检测还可以控制，是一种通风节能运行控制策略。建筑节能运行应该具备室内污染物浓度监控系统，应该为建筑通风系统本身所具备，来实现建筑的智能化运行。

（3）运维管理记录造册是运维管理工作规程化，标准化，专业化的主要文献记录。运维管理记录造册不仅可以保证运维历史有迹可循，还可以将具体工作细分到人，有利于责任到人工作的具体开展，同时也有利于保证后续对设备运维定期定量的查证，保证设备运维不出现：重复检修、遗漏检修、长期不修等问题的发生。

为充分保证建筑新风系统节能健康高效地运行，需要完善运维管理相关条例制度，让运维管理更加规范。增加后续运维管理人员的专业技能培训，充分学习了解系统运行原理，培养节能意识或者请专业的物业运维管理公司接管建筑进行运维管理工作。

6.3.3 绿色建筑信息化运维管理

绿色理念贯彻下，BIM技术能进行的工作也在节能、环保以及可持续方面有极大的体现，这三者是当代人热衷的生活方式理念。

在项目竣工后，将设计、施工过程中的工程信息纳入BIM模型中，再将此BIM模型转交给在运维阶段进行管理的单位或者第三方，为后期运维提供数据支持。运维过程中很重要的是各种应急处理，与传统运维方式不同，基于BIM技术将实时监控与及时维护结合，力求快速有效地获取解决方案。这里以消防事件为例，在某个公共建筑使用过程中发生了火灾事故，在这种紧急情况下，整个救援时间要控制在最短。消防人员利用BIM技术模型，可以从信息系统中提取到此建筑的结构、设施设备信息，减少盲区，从而在最短时间内精确定位到火灾发生的源头和详细位置。并可了解到火灾发生部位具体所使用的构件材料，有针对性地完成灭火任务。整个过程中减少了不必要的人力、物力资源浪费，从而利用BIM模型信息库采取最经济且有效的应急处理方式。

利用BIM技术，根据数据信息的整合形成能耗季度制度，在BIM模型下的能耗管理系统，可以实现将建筑内部信息分解为若干部分，并将每一部分的用能情况纳入监控和管理之下，反馈用户在一定时间内的能源用量情况。在每季度均收集并整理能耗情况，定期在所得数据中进行分析，对发现的异常现象迅速查找原因，制定相应的措施。

BIM技术也可以实现水资源的高效利用。雨季，通过调整和处理雨水收集系统，增大雨水收集量，确保雨水回收利用率。在长期的操作中，雨水收集系统在建筑中可以发挥很好的节能作用。而对污水处理的管控已发展成中水系统，将产生的污水、废水进行集中管理，再将检测后可二次使用的水进行处理，处理后的水资源便可以引入中水系统储备，而整个中水系统在BIM模型下可实时分配。这里水资源大体可分为两部分使用，一是在居民建筑中，分配用于居民日常清洁用水，二是在公共建筑中的公共景观用水、城市绿化灌溉和道路洒水等，以此缓解目前水资源紧缺的现状，中水系统的应用和发展是城市建筑行业给排水系统未来的发展趋势。基于BIM技术，雨水收集系统和中水系统的结合有力地缓解了水资源紧缺压力，在当代绿色建筑行业和绿色生活理念中均有一定的推进价值。

在BIM技术下，将所有的光照数据集中在一起，以所设置的数据与实时所处环境的光照数据相比较，对控制区域的照度进行调节，对人体光照舒适度达到最大程度的优化。采用数字模拟与中央处理器相结合的方式，用数字模拟生成信息，再由中央处理器依据采光模拟的照度值判断是否需要对设备照度进行调整。通过比较两者的比值，计算出设备的发光调节值，使建筑的照明设备亮度值保持在发光调节值范围内，从而完成对照明设备发光亮度的自动调节。例如，迪拜的绝大多建筑充分利于了BIM技术的优势，建筑表面与太阳光照收集器呈一定的角度，与BIM数据的收集相结合，调整到照明设备的最佳使用状态，让自然光照得到充分利用，从而最大程度地降低照明以及供暖设备的成本支出。

这样的管理可以满足用户在节能方面的绿色生活理念以及在舒适度上的要求。同时，在很大程度上给相关管理部门也减轻大量工作，从而在运营维护过程中最大程度地实现资源节约和成本控制。

6.3.4 物业管理

物业管理是绿色建筑运营管理的重要组成部分，这种工作模式在国际上已十分流行。近年来，我国一直在规范物业管理工作，采取各种措施，积极推进物业管理市场化的进程。但是，对绿色建筑的运营管理相对显得滞后。早期物业受建筑功能低端的影响，对物业管理的目标、服务内容等处于低级水平。许多人认为物业管理是一种低技能、低水平的劳动密集型工作，重建设、轻管理的意识普遍存在，造成物业管理始终处于一种建造功能与实际使用功能相背离的不正常状态。物业管理不仅要提供公共性的专业服务，还要提供非公共性的社区服务，因此也需要有社会科学的基础知识。

（1）绿色建筑物业管理

绿色建筑物业管理的内容，是在传统物业管理的服务内容基础上的提升，更需要体现出管理科学规范、服务优质高效的特点。绿色建筑的物业管理不但包括传统意义上的物业管理中的服务内容，还应包括对节能、节水、节材、保护环境与智能化系统的管理、维护和功能提升。

（2）智能化物业管理

绿色建筑的物业管理需要很多现代科学技术支持，如生态技术、计算机技术、网络技术、信息技术、空调技术等，需要物业管理人员拥有相应的专业知识，能够科学地运行、维修、保养环境、房屋、设备和设施。绿色建筑的物业管理应采用智能化物业管理。智能化物业管理与传统的物业管理在根本目的上没有区别，都是为建筑物的使用者提供高效优质的服务。它是在传统物业管理服务内容上的提升，主要表现在以下几个方面：①对节能、节水、节材与保护环境的管理；②安保、消防、停车管理采用智能技术；③管理服务网络化、信息化；④物业管理应用信息系统。采用定量化，达到设计目标值。发挥绿色建筑的应有功能，应重视绿色建筑的物业管理，实现绿色建筑建设与绿色建筑物业管理两者同步发展。

（3）ISO 14000环境管理标准

ISO 14000系列标准是国际标准化组织ISO/TC 207负责起草的一份国际标准。ISO 14000是一个系列的环境管理标准，它包括了环境管理体系、环境审核、环境标志、生命周期分析等国际环境管理领域内的许多焦点问题，旨在指导各类组织（企业、公司）取得表现正确的环境行为。ISO给14000系列标准共预留100个标准号。该系列标准共分七个系列，其编号为ISO 14001-14100。

ISO 14001标准是ISO 14000系列标准的龙头标准，也是唯一可供认证使用的标准。ISO 14001中文名称是《环境管理体系——规范及使用指南》，于1996年9月正式颁布。ISO 14001是组织规划、实施、检查、评审环境管理运作系统的规范性标准，该系统包含五大部分：环境方针；规划；实施与运行；检查与纠正措施；管理评审。

物业管理部门通过ISO 14001环境管理体系认证，是提高环境管理水平的需要。达到节约能源，降低消耗，减少环保支出，降低成本的目的，可以减少由于污染事故或违反法律、法规所造成的环境风险。

（4）资源管理激励机制

物业管理部门制定并实施资源管理激励机制，让管理人员业绩与节约资源、提高经济效益等方面挂钩。管理是运行节能的重要手段，然而，在过去往往管理业绩不与节能、节约资源情况挂钩。绿色建筑的运行管理要求物业在保证建筑的使用性能要求以及投诉率低于规定值的前提下，实现物业的经济效益与建筑用能系统的耗能状况、用水和办公用品等的情况直接挂钩。

6.3.5 水资源管理

在中国，水资源是比较匮乏的资源之一，且存在分布不均匀的现象。节水工程已成为我国节约社会的一个重要部分。居民用水是政府首要保障的部分，因此，住宅小区的节水意义重大。目前小区的用水主要分为居民用水、园林绿化灌溉用水、景观用水三大部分。

（1）绿化灌溉用水节约措施

绿地率是衡量一个小区适宜居住程度的重要指标。目前大部分小区都有一定数量的绿化面积，园林绿化灌溉用水已成为小区第一用水大户。此部分节水的成功与否将较大地影响小区节水成功与否。

1）尽量利用小区周围的多余水资源

当前多数开发商为营造适宜的居住环境，常将物业选址于河流湖泊等自然水源附近，这种情况下，园林绿化灌溉用水应合理利用这部分水资源。物业管理公司在设计阶段，即可建议开发商在已完成土建工程的小区内增设少量地下管网，从紧邻该小区的河流中提取园林绿化灌溉用水。这样既能满足该小区的绿化用水的需求，又避免了直接使用自来水灌溉带来的高额成本。由于紧邻河水的水质能够满足绿化要求，并优于自来水直接浇灌，能对小区内植物产生良好作用，同时也可降低物业管理成本，减轻业主负担。

2）合理利用季节、天气状况

根据季节变化及实际的天气情况合理安排园林绿化的灌溉时间、方式及用水量。

（2）景观用水节约措施

随着小区内人造景观的不断采用，景观用水已成为小区内仅次于园林绿化灌溉用水的第二用水大户。开展节约型物业管理服务，使其既能充分展示现有景观，又能满足人工水体自然蒸发用水的需求，除在景观设计阶段必须考虑的雨污分流和雨水回收系统外，还必须考虑之后使用景观用水的再循环过滤系统和相关水泵的设计、安装，控制景观用水费。

如能将景观的循环水系统与小区内园林绿化喷灌用水需求有机地结合起来，就既能符合景观用水的环保要求，又能满足园林绿化植被对灌溉用水中有机成分的需求。

除了关注园林绿化灌溉用水和景观用水之外，节约居民用水也值得重视。在加强节约用水宣传的力度的同时，对小区内给水系统的"跑、冒、滴、漏"现象，小区物业必须加强日常的检查，发现有此类现象存在要及时维修保养，以杜绝浪费。

6.3.6 垃圾管理

城市垃圾的减量化、资源化和无害化，是发展循环经济的一个重要内容。发展循环经济应将城市生活垃圾的减量化回收和处理放在重要位置。近年来，我国城市垃圾迅速增加，城市生活垃圾中可回收再生利用的物质多，如有机质已占50%左右，废纸含量在3%～12%，废塑料制品约5%～14%。循环经济的核心是资源综合利用，而不光是原来所说的废旧物资回收。过去我们讲废旧物资回收，主要是通过废旧物资回收利用来缓解供应短缺，强调的是生产资料，如废钢铁、废玻璃、废橡胶等的回收利用。而循环经济中要实现减量化、资源化和无害化的废弃物，重点是城市的生活垃圾。

（1）制定科学合理的垃圾收集、运输与处理规划

首先要考虑建筑物垃圾收集、运输与处理整体系统的合理规划。如果设置小型有机厨余垃圾处理设施，应考虑其布置的合理性及下水管道的承载能力。其次则是物业管理公司应提交垃圾管理制度，并说明实施效果。垃圾管理制度包括垃圾管理运行操作手册管理设施、管理经费、人员配备及机构分工、监督机制、定期的岗位

业务培训和突发事件的应急处理系统等。

（2）垃圾容器

垃圾容器一般设在居住单元出入口附近隐蔽的位置，其外观色彩及标志应符合垃圾分类收集的要求。垃圾容器分为固定式和移动式两种，其规格应符合国家有关标准。垃圾容器应选择美观与功能兼备，并且与周围景观相协调的产品，要求坚固耐用，不易倾倒。一般可采用塑料、不锈钢、木材、石材、混凝土、GRC、陶瓷材料制作。

（3）垃圾站（间）的景观美化及环境卫生

重视垃圾站（间）的景观美化及环境卫生问题，用以提升生活环境的品质。垃圾站（间）设冲洗和排水设施，存放垃圾能及时清运，不污染环境、不散发臭味。

（4）分类收集

在建筑运行过程中会产生大量的垃圾，包括建筑装修维护过程中出现的土、渣土、散落的砂浆和混凝土、剔凿产生的砖石和混凝土碎块，还包括金属、竹木材、装饰装修产生的废料、各种包装材料、废旧纸张等。对于宾馆类建筑还包括其餐厅产生的厨房垃圾等，这些众多种类的垃圾，如果弃之不用或不合理处理将会对城市环境产生极大的影响。为此，在建筑运行过程中需要根据建筑垃圾的来源、可否回用性质、处理难易度等进行分类，将其中可再利用或可再生的材料进行有效回收处理，重新用于生产。

垃圾分类收集就是在源头将垃圾分类投放，并通过分类的清运和回收使之分类处理或重新变成资源。垃圾分类收集有利于资源回收利用，同时便于处理有毒有害的物质，减少垃圾的处理量，减少运输和处理过程中的成本。在许多发达国家，垃圾资源回收产业在产业结构中占有重要的位置，甚至利用法律来约束人们必须分类放置垃圾。对小区来讲，要求实行垃圾分类收集的住户占总住户数的比例达90%。

（5）垃圾处理

处理生活垃圾的方法很多，主要有卫生填埋、焚烧、生物处理等。由于生物处理对有机厨房垃圾具有减量化、资源化效果等特点，因而得到一定的推广应用。有机厨房垃圾生物降解是多种微生物共同协同作用的结果，将筛选到的有效微生物菌群，接种到有机厨房垃圾中，通过好氧与厌氧联合处理工艺降解生活垃圾，是垃圾生物处理的发展趋势之一。但其前提条件是实行垃圾分类，以提高生物处理垃圾中有机物的含量。

6.4.1 传统运维管理模式

目前通用的运维管理系统有类似于计算机维修管理系统（CMMS）、计算机辅助设施管理（CAFM）、电子文档管理系统（EDMS）、能源管理系统（EMS）以及楼宇自动化系统（BAS）等。尽管这些设施管理系统独立地支撑设施管理系统，但是在传统运维管理模式中各个系统信息相互独立，无法达到资源共享和业务协同。另外，在建筑物交付使用后，各个独立子系统的信息数据采集需要耗费大量的时间和人力资源（图6-3）。

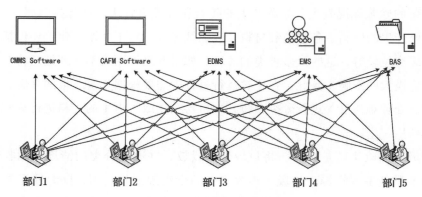

图6-3 传统运维管理模式

6.4.2 绿色运维管理模式

针对传统运维方式的能源流失与处理滞后性，采用BIM技术可以得到有效处理，在数据整合、定位分析以及可视化等优势条件下，有力地把绿色观念贯彻于建筑运维阶段中。

（1）数据集成与共享

建筑信息模型（BIM）集成了从设计、建设施工、运维直至使用周期终结的全生命期内各种相关信息，包含勘察设计信息、规划条件信息、招标投标和采购信息、建筑物几何信息、结构尺寸和受力信息、管道布置信息、建筑材料与构造等信息，将规划、设计、施工、运维等各阶段包含项目信息、模型信息和构件参数信息的数据，全部集中于BIM数据库中，为CMMS、CAFM、EDMS、EMS以及BAS等常用运维管理系统提供信息数据，使得信息相互独立的各个系统达到资源共享和业务协同（图6-4）。

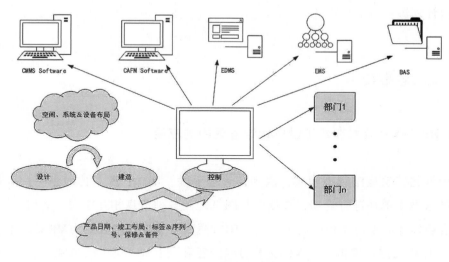

图6-4　信息集成与共享

（2）运维管理可视化

在调试、预防和故障检修时，运维管理人员经常需要定位建筑构件（包括设备、材料和装饰等）在空间中的位置，同时查询到其检修所需要的相关信息。一般来说，现场运维管理人员依赖纸质蓝图或者其实践经验、直觉和辨别力来确定空调系统、煤气以及水管等建筑设备的位置。这些设备一般在天花板之上、墙壁里面或者地板下面等看不到的位置。从维修工程师和设备管理者的角度来看，设备的定位工作是重复的、耗费时间和劳动力的、低效的任务。在紧急情况下或外包运维管理公司接手运维管理时或者在没有运维人员在场并替换或删除设备时，定位工作变得尤其重要。运用竣工三维BIM模型则可以确定机电、暖通、给排水和强弱电等建筑设施设备在建筑物中的位置，使得运维现场定位管理成为可能，同时能够传送或显示运维管理的相关内容。

（3）应急管理决策与模拟

应急管理所需要的数据都是具有空间性质的，它存储于BIM中，并可从其中搜索到。通过BIM提供实时的数据访问，在没有获取足够信息的情况下，同样可以做出应急响应的决策。建筑信息模型可以协助应急响应人员定位和识别潜在的突发事件，并且通过图形界面准确确定危险发生的位置。此外，BIM中的空间信息也可以用于识别疏散线路和环境危险之间的隐藏关系，从而降低应急决策制定的不确定性。根据BIM在运维管理中的应用，BIM可以在应急人员到达之前，向其提供详细的信息。在应急响应方面，BIM不仅可以用来培养紧急情况下运维管理人员的应急响应能力，也可以作为一个模拟工具，来评估突发事件导致的损失，并且对响应计划进行讨论和测试。

6.5 绿色运维技术

6.5.1 BIM+VR技术在建筑设备运维管理中的应用

传统的建筑运维管理模式，因为其管理手段、理念、工具比较单一，大量依靠各种数据表单来进行管理，数据库与图纸之间各种信息相互割裂。VR技术是一个需要载体才能发挥特色的有力工具，BIM模型及其载有的数据为VR技术的实现提供了有效支撑。虚拟现实VR技术的沉浸感和交互感可增强BIM模型的可视化效果，提供虚拟的检修和操作空间，快速、精准、便捷地对问题进行核查和检修。满足现代建筑运维管理的人性化与个性化要求，同时也是对BIM模型的延伸应用。BIM模型和VR模型沉浸式体验感相融合，形成完美的互补，从建筑设备的空间关系到建筑设备的数据化信息，从整体到细节，全部完美地展现在人们的感觉体验之中（图6-5）。

图6-5 基于BIM+VR技术建筑设备管理效果图

BIM+VR技术进行建筑设备运维管理主要包括设备常态化运维管理、设备故障及应急管理和设备保养及损耗管理三个部分。

（1）常态化运维管理

BIM数据信息模型集成了建筑生命周期的全部信息，解决了建筑全生命周期中信息"建立、丢失、再建立、再丢失"的问题，实现建筑设备信息在建筑全生命周期的不断创建、使用，并不断被积累、丰富和完善。使得工程数据和信息结构化，形成一个有机关联整模型的数据库。各个维度参数一旦确定，可以立刻得到统计和分析的结果。同时把数据的分析粒度精细到构件级，甚至是更细，包括构件几何的尺寸、材质、规格、型号、造价、施工企业的名称等。集成的BIM数据信息可通过VR模型进行沉浸式的查找体验，无需翻阅建筑竣工图纸，可以节约大量的时间，真正地提高建筑设备运维管理效率。

建筑设备通过BIM三维模型的设备设施智能监管，实现对全专业设备的集中监控与集中调度，以直观简单的方式来呈现设备设施运行状态的显示与监测情况，实现短时间内的所见即所得，高效地了解系统设备的工作状态，减少现场的巡检次数与巡检时间，提高工作效率。建筑设备管线的智能监测可以使得管理人员在线便捷、直观地查看建筑竣工后的隐蔽管线，在设备运行出现问题时可以以最快的速度、最精准的定位、最优的解决方案去处理问题。在VR设备的虚拟现实环境中进行漫游行走，借助手柄在虚拟空间环境内了解建筑设备布置，通过虚拟触碰点击建筑设备信息了解设备的使用年限及其工作性能；点击建筑设备运行状态了解工况运行是否满足使用需求；点击建筑设备运行记录对故障设备进行及时的处理，并将故障记录存档用来分析和借鉴；点击设备维修保养确定设备的定期巡检保养以及设备故障处理的及时反馈。运维工作人员通过BIM+VR便捷、高效、可视化的操作，轻松地进行建筑设备运维管理工作。

（2）设备故障及应急管理

基于BIM的设备运维管理平台将各专业设备系统整合，依照使用需求的内容进行业务规则与逻辑关系的编写，实现基于突发事件的连锁控制。一旦设备出现问题会有声音报警与灯光闪烁报警，同步编辑短信第一时间发送至建筑设备运维管理人员的手机终端，保证设备故障第一时间被管理人员发现，并依照预先设定的规则执行联动预案，提高突发事件的处理效率。从BIM模型中可以看到设备发生状况的内部信息，对设备故障发生的原因有清晰的认知和处理决策方案，BIM应急协调管理平台会给出故障相关解决建议，这使得设备管理人员从故障发现的时间上和故障处理的效率上保障设备安全运行目标的实现。当灾害发生时，BIM模型可以提供楼内建筑物内紧急状况发生的位置以及救援人员紧急状况位置的完整信息，得出到紧急状况点的最优路线，提高应急行动成效。

通过VR沉浸式的逼真体验效果，可进行紧急事件的模拟演练，根据紧急事件的模拟演练提高紧急事件的逃生本领，并编制完善适用的紧急事件应对预案。利用VR演示体验效果，通过比较纸质上的紧急路线与使用VR模型所经历的实际行程时间和距离，可以验证得出其紧急路线，如果初始路线长于预期，则设计额外的路线。

VR技术使得建筑信息模型实现可沉浸式的三维虚拟漫游（HTC Vive），同时根据运维管理流程及标准，实现对运维人员巡检、保养、维修等运维工作的培训考核等。VR模拟的环境可以让运维人员改变传统的二维图纸结合现场进行培训的形式，使得原本枯燥、复杂的工作培训变得有趣生动，不仅提高运维管理效率，也会在无形中提高运维人员的工作热情，在一定程度上也大大提高物业行业运维管理的技术水平。

（3）设备保养及损耗管理

利用建筑模型和设施设备管理系统模型，结合楼宇计量系统及楼宇相关运行数据，对各专业设备能耗数据进行分散采集与集中监测。生成按区域、楼层和房间划分的能耗数据，对能耗数据进行分析，与建立的能耗参考基准进行对比，发现高能耗设备运行时发出能耗异常使用报警，并提出针对性的能效管理方案，降低建筑能耗。根据能耗历史数据进行全面的统计分析、能效分析与节能诊断。预测设备能耗未来一定时间内的能耗使用情况，合理安排设备能源使用计划。

BIM+VR建筑平台的设备运维管理，在完成设备运行维护工作内容的前提下节约了大量的人力，实现了对建筑设备协同动态的运行监测管理，设备管理高效有序，在一定程度上延长了设备的使用寿命，减少了设备故障的发生频率，减少了设备故障维修成本。

正是因为BIM技术将数据实时进行读取、存储、分析并以文字的形式进行总结与反馈，VR技术将这些反馈以全新的方式展现在人们眼前。运维BIM和VR技术进行建筑设备运维管理才能满足如今庞大而复杂的设备系统，才能实现建筑产业信息化、智能化的变革，才能为使用者提供优质的建筑使用环境。

建筑设备管理中将BIM技术和VR技术相融合，形成一个BIM+VR一体化的系统，渗透在建筑设备运维管理中，让建筑设备运维管理拥有更全面的数据，更高效的运算能力，更精准的运维报告，促使建筑行业中使用的软件与硬件结合在一起，推动着建筑设备运维管理行业的发展。BIM综合信息模型结合VR沉浸体验虚拟环境，丰富了数字信息化时代下的建筑设备运维管理手段。BIM的集成优势使得信息富集度不断增加，VR技术的结合将使得信息模型的三维可视化程度更高、更好。信息化时代下BIM和VR技术可以有效地促进我国建筑行业全生命周期的信息化和智能化，实现建筑设备安全运行、高效运行、节能运行的运维管理目标。

6.5.2 基于数字孪生的绿色建筑运维管理系统

绿色建筑运维数字孪生模型，是为了在物理世界与虚拟世界之间建立实时关联，实现基于绿色建筑运维的实体与虚拟场景的交互，从而达到绿色建筑运维智能化管理的目标。该模型的理论基础包含三部分，即虚拟孪生、预测孪生、控制孪生。

首先，虚拟孪生是指虚拟模型能完美地映射物理实体，具体如表6-1所示。一旦实现了绿色建筑实体的虚拟化，就能够获得与物理实体交互的功能抽象。比如，可以通过虚拟化抽象来查询或者控制绿色建筑设施，能够对该设施的当前状态做出反应。

虚拟孪生的概念

表6-1

孪生维度		简述
形态	外观	两者在外部表面形体上相像
	结构	两者在内部结构上相像
	材料	两者在细微材料上相像
	行为	两者在功能行为上相像
	状态	两者在时空状态上相像

但是，仅仅对绿色建筑运维的现状"做出反应"不是最优化管理。如果可以知道设备设施在未来何时出现问题，让工作人员有时间在问题发生之前就对风险隐患进行处理，从而减少运营成本的支出，这才是更加重要的。因此，数字孪生的第二部分就是预测孪生。预测孪生可以通过建立相应的计算模型，基于大量的历史数据、现有的状态数据或者是集成网络的数据学习，利用机器学习等技术来对物理实体的未来状态进行预测。集成网络的数据学习是指多个同批次的物理实体同时进行不同的操作，并将数据反馈到同一个信息化平台，数字孪生根据海量的信息反馈，进行迅速的深度学习和精确模拟。

当数字虚体与物理实体在时空状态上都相像之后，并且能够做到对物理实体未来状态的预测，最后一部分就是控制孪生。具体讲就是，从物理实体一侧，能根据采集到的物理实体的实际状态数据来更新数字虚体，使之同步运行；反之，从数字虚体一侧，能通过对虚拟模型的控制，实现对物理实体运行状态的控制（图6-6）。

根据上述绿色建筑运维对系统的特性需求和理论基础，便提出了基于数字孪生的绿色建筑运维系统体系结构（图6-7）。该体系结构包含状态感控层、模型协

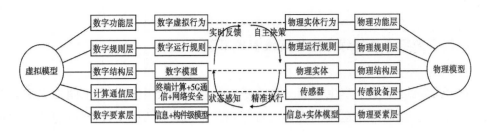

图6-6 控制孪生的实现方法

同层、系统决策层和管理控制层4个部分，整个体系构成回路系统的推动力就是数据。其中，状态感控层是整个体系的最底层，它由各种感控节点组成，负责采集人、设施设备、环境的状态数据，并对数据初步处理后上传给相应的数据库；它也可以根据模型协同层的数据或指令实现控制功能。模型协同层以数据为中心，实现对来自虚拟模型和物理模型的数据的存储、搜索、调配和管理。其目的是对比分析虚拟端和物理实体的状态差异，分析这些差异的原因，从而对虚拟模型和物理实体做出实时反馈和优化处理。系统决策层由各子系统组成，这些子系统根据自身功能调用相关数据，对数据进行二次处理，从而实现对绿色建筑的控制管理。管理控制层负责提供人机交互功能和实现所有相关方沟通管理的协同管理平台，所有的相关方可以根据自己的权限，插入、提取、更新、修改和查看信息，以支持各自的协同工作。该系统以数据为桥梁，将五个部分有机地集成在同一个体系结构中，构建了一个以数据为驱动的基于数字孪生的绿色建筑运营成本管理系统。

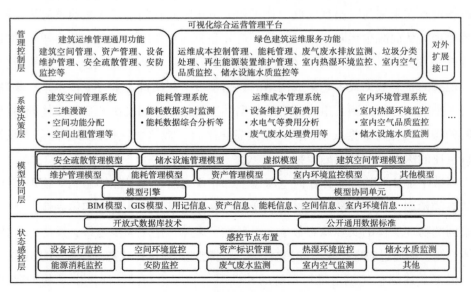

图6-7 系统体系结构框架

总之，该系统具有复杂性、异构性、自治性和数据驱动性，涉及多个学科的交叉应用，并且数字孪生技术在绿色建筑运营成本管理阶段尚处于理论研究阶段，暂时没有进行实践应用，但其具有的潜力是巨大的。

6.6 绿色运维交付

绿色运维交付是建立在综合效能调适、绿色建造效果评估的基础上的。其中综合效能调适是指通过对建筑设备系统的调试验证、性能测试验证、季节性工况验证和综合效果验收，使系统满足不同负荷工况和用户使用的需求。对于绿色建筑的综合效能调适有如下几个要求：①绿色建筑的建筑设备系统应制定具体综合效能调适计划，并进行综合效能调适。②综合效能调适计划应包括各参与方的职责、调适流程、调适内容、工作范围、调适人员、时间计划及相关配合事宜。③综合效能调适应包括夏季工况、冬季工况以及过渡季节工况的调适和性能验证。

对于建筑的综合效能调适应包括现场检查、平衡调试验证、设备性能测试及自控功能验证、系统联合运转、综合效果验收等过程。平衡调试验证阶段应进行空调风系统与水系统平衡验证，平衡合格标准应符合现行国家《建筑节能工程施工质量验收规范》GB 50411的有关规定。自控系统的控制功能应工作正常，符合设计要求。主要设备实际性能测试与名义性能相差较大时，应分析其原因，并应进行整改。综合效果验收应包括建筑设备系统运行状态及运行效果的验收，使系统满足不同负荷工况和用户使用的需求。综合效能调适报告应包含施工质量检查报告，风系统、水系统平衡验证报告，自控验证报告，系统联合运转报告，综合效能调适过程中发现的问题日志及解决方案。

建设单位应在综合效果验收合格后向运行维护管理单位进行正式交付并应向运行维护管理单位移交综合效能调适资料。建筑系统交付时，应对运行管理人员进行培训，培训宜由调适单位负责组织实施，施工方、设备供应商及自控承包商参加。

课后习题

1. 为什么建筑运维阶段是真正实现绿色建筑内涵的关键之一？

2. 绿色运维管理模式具有哪些特征？

3. 你觉得在除了本书所介绍的绿色运维要素以外，还应该包括哪些要素？

4.谈谈绿色运维管理与传统运维管理的区别，并指出绿色运维管理的优势。

5.结合现代智能技术，谈谈你对绿色运维技术的展望。

参考文献

[1] 韩继红，刘景立，杨建荣.绿色建筑的运行管理策略[J].住宅科技，2006（6）：23-28.

[2] 石鹏.基于BIM与物联网的建筑运维管理系统研究[D].郑州大学，2020.

[3] 金启刚.物联网技术在智能建筑能源管理中的有效运用[J].科技风，2021（13）：125-126.

[4] 陈潇义.北京市某办公建筑新风系统后评估研究[D].北京建筑大学，2020.

[5] 梁雪婷，胡利超，刘庭祯.BIM技术在绿色运维中的应用研究[J].农村经济与科技，2020，31（11）：323-324.

[6] 汪再军.BIM技术在建筑运维管理中的应用[J].建筑经济，2013（9）：94-97.

[7] 周静."BIM+VR"技术在建筑设备运维管理中的应用研究[D].长春工程学院，2020.

[8] 王艺蕾，陈烨，王文.基于数字孪生的绿色建筑运营成本管理系统设计与应用[J].建筑节能，2020，48（9）：64-70.

[9] 刘加平，董靓，孙世钧.绿色建筑概论[M].北京：中国建筑工业出版社，2010.

[10] 杨榕.绿色建筑评价技术指南[M].北京：中国建筑工业出版社，2010.

[11] 张宝钢，刘鸣.绿色建筑设计及运行关键技术[M].北京：化学工业出版社，2018.

7

绿色建造——拆除消纳阶段

导语：随着城中村改造和建筑拆除工作的不断深入，一方面推动了建筑活动的日渐繁荣，另一方面也将产生大量的拆除建筑废弃物，这些建筑废弃物影响着城市的方方面面，不仅会对人们的居住环境产生影响，对人类生活造成极大的不便，而且还将影响到自然环境，阻碍可持续建设和城镇化进程的推进。因此，这就凸显了绿色建造——拆除消纳阶段的重要性。本章首先对绿色拆除消纳进行了较为全面的阐述，介绍了绿色拆除消纳的定义、绿色拆除工程管理知识体系以及绿色拆除消纳的过程，然后总结了绿色拆除与传统拆除的区别与联系，最后从绿色拆除相关技术的角度，阐述了最新的绿色拆除技术。

7.1 绿色拆除的定义

7.1.1 绿色拆除的背景

近年来随着我国经济的快速发展，建筑行业得到了迅速发展，规模逐年加大，2016 年建筑业占国内生产总值的近 30%，达到 19.35 万亿元。但随着建筑物寿命、外力破坏、环境保护、改造升级、土地开发等原因，几乎所有的土木工程均已出现拆除工程案例，如各种桥梁、房屋、桩基、烟囱、复杂结构水池、护城河挡墙、围堰、冷却塔、废弃海底管道、高桩码头、水塔、干船坞等。

仅 2018 年，中国拆除建筑面积约达到 15 亿 m^2。在建筑物建造阶段，每平方米建筑约产生建筑垃圾 0.3t，在建筑物拆除阶段，每平方米建筑则产生约 1.3t 建筑垃圾，则 2018 年拆除垃圾也达到近 20 亿 t。由此可见，建筑物拆除阶段的拆除废弃物（Demolition Waste，DW）管理是整个建筑垃圾管理工作中非常重要的内容。同时随着城市化进程的深入，建筑使用年限的临近和功能缺失等原因逐渐产生，使得我国的建筑拆除规模已成为世界上最大的国家之一。但随着拆除行业的盛起，建筑行业对拆除工程规范化的重视程度并没有跟上，导致拆除事故屡见不鲜，且呈上升趋势。

其次，建筑业的可持续发展与资源短缺的矛盾将日益突出。预计到 2050 年，全球建筑施工和拆除阶段（Construction & Demolition，C & D）废弃物将从 127 亿 t 增加到270亿t。世界各国意识到了对C&D废弃物进行再生利用的重要性。在一些发达国家，包括美国、丹麦、韩国、新加坡、日本和德国，C&D废弃物的回收再利用率可达到70%～95%，相比之下，中国的C&D废弃物的回收和再利用率低于5%。根据研究，75%的建筑废弃物是有剩余价值的。而目前，我国列入官方统计（18个省市）的建筑废弃物堆填或处理厂有870座，其中建筑废弃物收纳场约800座，占到了处理厂总数的92%；固定式资源化处理厂约70座，仅占比8%。但是，基础数据的缺乏和没有相应信息技术的支撑导致拆除废弃物产生量和流向的预测缺乏精准性和快速性，同时，拆除废弃物资源化是一个复杂的过程，涉及众多的利益相关者以及多重处理路径和关键环节。

在城市中，大量的建筑物由于功能无法满足时代需求而被拆除，在建筑物拆除过程中排放的建筑垃圾，有如下几个特点：①排放量大，建筑物的拆除是以栋为计量单位，相应地建筑垃圾排放量大；②排放的时间集中，由于建筑物拆除工作需要在一定的时间范围内完成，因此建筑垃圾的排放时间较为集中；③建筑垃圾种类多，不同建筑物在功能、结构以及使用材料等方面的差异导致了建筑垃圾种类繁多。

7.1.2 绿色拆除的定义与范围

新建土木工程是指对各类建筑物及其附属设施的建造，能够形成空间，满足人们生产、居住、使用的工程。拆除工程为新建工程的逆向工程，它是对现有建筑物及附属设施进行拆除消纳，以消除安全隐患、腾空建筑物场所并回收建筑垃圾，是既有建筑物转变功能的过程。新建工程是构建，拆除工程则是分解、解体。拆除工程，其施工难度、危险程度、作业条件、恶劣程度以及存在安全隐患等较多方面都远甚于新建工程，对此需要重视和思考，加强监管，防患于未然。

绿色拆除，即针对工程拆除消纳过程中的一系列问题，进行分析并建立完善的工程拆除实施方案，给城市人居环境带来和谐的同时，也使资源能够得到最大化的利用与回收，力求达到工程的绿色标准。

众所周知工程的种类有很多种，例如房屋建筑工程、水利水电工程、公路工程等12个建设行业，凡是涉及工程拆除消纳的各项工作，均为拆除工程学研究范围内，我们对于拆除工程的范围定为横跨多个工程学科知识的一个综合性体系，包含建筑工程、结构工程、工程管理、招标投标、法律法规等理论技术和应用管理的综合知识体系。

7.1.3 绿色拆除目前存在的问题

由于对建筑拆除消纳的重视程度远远不及对建筑建造的重视程度，可持续发展理念在国内建筑拆除消纳领域的发展较为落后，我国建筑拆除消纳过程中普遍存在建筑拆除的高危险性、环境污染以及消纳阶段建筑垃圾处理难题。

（1）建筑拆除阶段的高危险性

工程建筑施工阶段的危险性是众所周知的，但相比起来，拆除阶段更具危险性。很多时候，由于拆除施工单位的疏忽或缺少监管，导致人员伤亡，建筑物坍塌的例子不计其数。如在建筑拆除区域无合格的围挡或者警示标志，导致行人造成不必要的损伤；拆除施工采用的脚手架、安全网没有由持证上岗的架子工按设计方案搭建，就可能导致施工人员从高空坠落下来；在拆除作业前没有对建筑内电源、生活水、供暖、煤气、消防水等各类管线进行全面检查，也可能导致各种伤害。

上述的例子只需留心，是可以避免的。然而拆除的过程复杂，其各个环节都存在高危险性，因而必须有周密的施工布置才行。

（2）环境污染问题

建筑拆除过程中，噪声污染问题十分严峻。噪声污染被视为一种无形的污染，它虽不能被肉眼识别，但却时刻存在于我们周围。长期受到噪声污染，可能会导致听力损伤并诱发多种疾病，对人们生活造成干扰，对设备仪器以及建筑结构造成危害。随着如今城市化的进程加快，建筑施工的噪声污染问题也日益突出，尤其是在人口稠密的城市建设项目施工中产生的噪声污染，导致百姓的不正常作息生活的同时，也给城市的环境和谐埋下隐患。

建筑爆破过程中产生的巨大噪声，还可能会对建筑结构以及精密仪器设备造成影响。在建筑爆破拆除过程中，如果处理不恰当，还会有大量的粉尘、灰沙，容易造成严重的环境污染问题。由于大量的建筑垃圾采取的是堆放或者填埋的处理方式，因此会占用大量的土地资源，造成自然资源的大量浪费，并且还会对周围地下水、土壤等造成有害污染。

（3）处置消纳阶段垃圾处理难题

由于消纳过程中的建筑垃圾排放量远远超过建筑建造阶段的建筑垃圾排放量，因此对建筑消纳阶段排放的建筑垃圾的有效管理显得至关重要。然而在实际消纳过程中，拆除建筑所产生的各种建筑垃圾通常未经任何处理就被露天堆放或者填埋。如果对建筑拆除后产生的建筑垃圾进行有效回收利用，不仅能够减少对土地资源的占用，还能减少对环境的污染。

我国目前的建筑垃圾回收利用技术已经逐步发展成熟，针对建筑拆除过程中产生的混凝土、粉煤灰以及玻璃等废弃物，均能够通过技术加工实现可持续回收利用。然而在实际操作中，由于建筑垃圾分类、建筑垃圾计量以及建筑垃圾调配等方面的客观因素限制，导致了建筑垃圾的低回收利用率。所以如何变废为宝，把建筑垃圾拿为所用，在未来建筑业的发展中显得至关重要。

7.2 绿色拆除工程管理知识体系

随着我国城市现代化建设的加快，旧建筑拆除工程也日益增多。拆除物的结构也从砖木结构发展到了混合结构、框架结构、板式结构等，从房屋拆除发展到烟囱、水塔、桥梁、码头等建筑物或构筑物的拆除。因而建（构）筑物的拆除施工近年来已形成一种行业的趋势。

将绿色拆除工程知识体系分为三大层面内容：

（1）政府层面，拆除工程的政府规划、部门监管、施工设计、施工管理、技术研发、检查评估、资源利用等环节的规范化、标准化；

（2）企业层面，施工管理层面上的组织、职责、资源、信息，细化项目管理；

（3）技术层面，结合BIM和信息技术，完善和研发拆除新技术、新工艺、新设备。

7.2.1 拆除工程政府监管层面

将拆除方法分为非爆破和爆破，依据两类拆除方法编制各自的管理制度、施工规范和技术标准及人员培训、资格要求，加强管理规范的准确性和严谨性。编制规范标准内容包括拆除工程承包方资质、拆除工程设计、拆除工程施工、拆除工程验收、法律法规、管理流程、安全环保管理、物料回收管理、拆除工程绩效评估等内容。将拆除工程管理标准化、规范化，为政策制定、行业管理、企业发展提供理论与实际依据。

针对国内规范的不足，参照国外先进的政策，法律法规、资格审查等规范加以改进及创新。从设计管理、设计原理、计算分析方法规范拆除工程设计。从计算管理、成本管理、进度管理、安全管理、设备管理、人力资源管理、环保管理、废物管理等规范拆除工程施工监管体系及制度。并基于流程牵引理论，对拆除工程的施工管理、验收制度、行业规范、法律法规、行政审批进行系统、标准、有导向性地规范。

7.2.2 拆除工程项目管理层面

拆除工程管理知识体系的项目管理以流程为核心，根据拆除工程施工的特点，对拆除工程项目管理分4个方面。

（1）项目管理规范研究：规范企业内部资质、立项、招标投标、设计、施工、验收六个阶段的管理制度，研究项目管理人员配置、施工人员配置、施工机械配置、拆除施工现场组织管理机构网络图的最优化；根据拆除工程的特点以及现有的拆除施工技术和方法，编制拆除施工设计标准和验收标准；编制检查施工作业前、作业时、作业后安全管理衔接和落实的制度。

（2）安全措施研究：研究编制沿街的安全技术防护措施、高空作业安全技术措施等相关的"五临边四口三宝"方面的安全技术防护措施，研究拆除施工用电、用水、用气等安全技术防范措施，规范现场施工安全管理制度。

（3）拆除流程标准化研究：以流程牵引为核心，编制项目的战略、职能、工艺、自善流程，以优化施工现场人员、设备的最优管理与协调方式，绘制现场管理、资源配备、人员协调、机械排班等内容的标准流程图。如拆除爆破危险源辨识流程，见图7-1。

（4）环境保护、资源利用研究：针对拆除工程特点，编制和优化文明施工措施、环境保护措施，结合国内外现有的各类型工程的资源利用技术，研究更有效、更有针对性的拆除工程资源利用措施和技术。

7.2.3 拆除工程技术层面

拆除工程的知识框架主要包括拆除施工技术和信息管理技术。对拆除施工技术进行总结和研究，结合国内外先进技术、设备，针对我国建筑物特点，开展拆除工艺设备技术研究，如：预应力梁拆除的应力解除方法；预应力损失测量方法与仪器研究等新工艺、新技术、新设备的研究。

通过研究BIM虚拟过程和有限元等设计软件，构造优良的可视化图形模拟系统，对建筑物拆除全过程的模拟，从最初的拆除设计到最后拆除竣工验收各阶段信

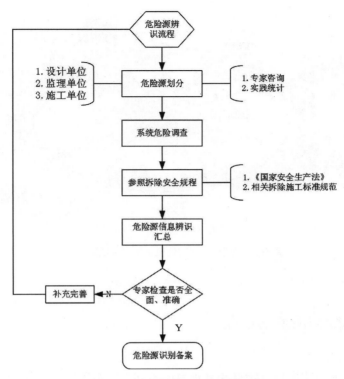

图7-1 拆除爆破危险源辨识流程

息共享和施工模拟。针对爆破拆除，在拆除前即模拟拆除时和拆除后对周围环境影响（如噪音、振动、冲击波等），达到全过程的预演，确定爆破缺口唯一、爆破顺序和分段时间差对爆破倒塌的影响，解决结构失稳的判据、倒塌堆积范围等问题。

利用BIM和互联网+的技术理念，依托BIM技术平台，将项目信息集成管理，构建云端数据库作为项目全过程信息传递的桥梁，对岗位、设备、人员信息施工等内容进行实时监控管理，将现场人员信息、资源使用、进度安排、施工管理、验收记录等内容更好地进行共享，提高施工效率和管理保障，并研究编制相应的信息化管理制度。基于BIM的建筑全生命周期服务见图7-2。

构建拆除工程知识体系框架，调查分析拆除工程的历史、现状及分析未来大趋势，对拆除工程施工、设备使用、技术应用、项目管理、政府监管、资源利用等方面进行研究，使其更加标准化、规范化。并结合对拆除工程事故、拆除经典案例、拆除最新案例，研究事故发生的原因，分析优化拆除施工管理、拆除技术，进而健全拆除工程知识体系。将构建的知识体系应用于工程实践中，分析其合理性、实用性，将不足之处加以改进。通过不断完善的拆除工程管理知识体系框架，引用流程牵引理论，进而有逻辑、有动力地推进拆除工程的发展及应用。

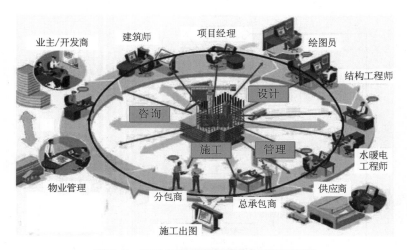

图7-2 基于BIM的建筑全生命周期服务图

7.3 绿色拆除和消纳的过程

拆除项目由于结构自身特点和管理目的不同,其拆除方案、管理过程、管理策略、管理措施和废弃物处理方式等各有差异,然而拆除废弃物都始于建筑物的拆除,终于废弃物的最终处理完成,期间还包括对拆除所产生废弃物的现场管理以及废弃物的运输等,因此,将建筑拆除废弃物产生、废弃物现场管理、废弃物运输和废弃物处理处置这四个相互联系的阶段确定为拆除建筑废弃物的整个流程。根据所确定的拆除建筑废弃物整个流程,把各个阶段联系起来,并将各阶段的常见管理方式进行总结,以直观呈现出拆除废弃物管理的整个过程,如图7-3所示。

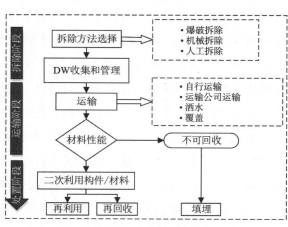

图7-3 拆除结构废弃物管理过程

7.3.1 拆除阶段

（1）拆除阶段就是将建筑物进行切割和破碎，并对废弃物进行清理的过程。建筑拆除的方式有人工拆除、机械拆除、爆破拆除以及混合拆除四种。

就建筑物的基础构件来说，拆除的对象可分为柱、梁、板、墙和基础等。一般而言，根据拆除建筑的特点和现有拆除机械和技术水平选取合适的拆除方式，拆除时按照从顶层自上而下的顺序，逐层分段对建筑物进行拆除。对每层而言，通常先拆除顶板，再拆内墙，为了保证不向外落渣，最后才拆除外墙。屋檐、阳台、雨棚、外楼梯、广告板等在拆除施工中容易失稳的外挑构件，先予拆除。拆除时，先拆除建筑的非承重结构，后拆除承重结构，进行高处作业时，则借助吊车和起重机来操作。在建筑物被拆除至10m左右高度时，可以用长臂炮机或推土机等设备对剩下的部分直接进行整体拆除。

对于不同类型的建筑物，其拆除方法略有不同。

1）平房及砖木结构建筑的拆除

平房及砖木结构楼房多为斜屋顶，在拆除之前，要把可利用的门窗、水暖、电气等设备拆下，拆除时先将斜屋顶上的瓦片和保温材料取出，然后挑出可再利用的房架，用吊车吊走，用风镐或者液压锤拆除顶层的墙体后再拆下一层的楼板，拆到底层时，直接用装载机推倒；也可以不借助机械设备而直接使用人工进行拆除，人工拆除的优点在于可最大限度地将可再生利用的各种材料进行回收。在用装载机推倒房屋时，若墙体中有圈梁，则应事先用人工风镐切断。最后将渣土集中，装车外运（图7-4）。

2）混合结构建筑的拆除

混合结构建筑拆除方案通常为逐层拆除法，从顶层开始逐层拆除。混合结构建筑多为平屋顶，平屋顶上有较厚的防水层和保温层，若要对保温层进行回收，则应先人工将其单独拆除，屋顶拆除完成之后再用机械拆除墙上的圈梁和纵横梁。混合结构中的墙多为砖砌体墙，可按从一端向另一端或者从上向下的方式进行推倒。按照此程序对建筑物逐层拆除，若地下基础部分也要拆除，则需用机械进行土方开挖，露出地圈梁和基础，并用机械设备将其破碎（图7-4）。

3）框架结构建筑的拆除

框架结构的建筑在拆除时通常有几种方案：首先是逐层拆除法，从顶层开始一直拆到底层，在对每层进行拆除时，可按照由远及近的顺序，也可按照建筑的构

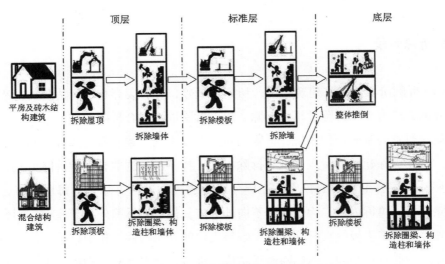

图7-4　平房及砖木和混合结构建筑的拆除

件进行分类拆除。其次是多层拆除法，对于楼层只有两三层的建筑物，可先把所有的顶板及楼板打通，接着拆除全部墙体，露出结构框架，此时再用液压锤或液压剪拆除梁和柱。最后还可用爆破方法拆除，考虑到安全因素及对周边环境的影响，该方法一般适用于高度较低的建筑物，框架结构中，建筑的荷载主要经板传至梁，再传导给柱，因此爆破的主要对象是建筑物的柱子，通过爆破的方式将柱子破碎，建筑便整体倾倒下来。由于爆破过程不涉及人工和机械的参与，与其他方法相比，其操作更简单且安全性更高（图7-5）。

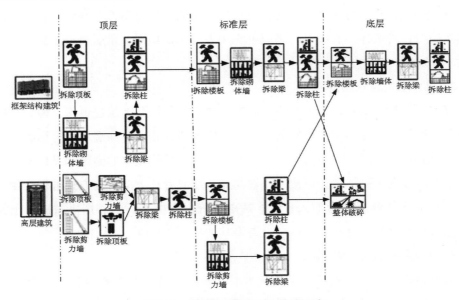

图7-5　框架结构和高层建筑的拆除

4）高层建筑拆除

高层建筑物的建筑较高，不宜采用爆破的方式进行拆除。且由于受力特点的原因，高层建筑多为框架—剪力墙结构或筒体结构等，与其他建筑不同，其建筑高度可能超过拆除机械所能达到的最大高度，所以在进行拆除时，有必要在建筑外侧用渣土垫一个平台，以提升机械设备的最大工作高度。此外，在拆除作业时无法按照常规的自上而下的顺序进行拆除，只能使液压破碎锤的钎头由下往上撞击建筑物，使建筑物产生局部破坏，然后主要通过人工拆除建筑物的各构件，待建筑拆除至机械设备的最大工作高度以下时，便可主要通过机械来进行拆除。另外应当注意的是，用钎头打击建筑物时，打击点以上的被拆建筑高度应控制在1～2层楼，否则很容易造成安全事故（图7-5）。

（2）具体到建筑构件，常用的拆除方法如下：

1）楼板的拆除

楼板可分为预制板和现浇板，对于预制楼板的拆除，可使用人工拆除或者机械拆除的方法，而对于现浇板则一般选用机械拆除。当人工进行拆除时，只需要打开楼板两端的混凝土，再将焊点切开，使楼板安全、平稳放下即可；选择机械拆除方式时，将挖掘机的大斗改成钎头，便可改装成为液压破碎锤。液压破碎锤是目前常用到的建筑拆除设备，作业时直接使用液压破碎锤对楼板进行破碎即可，当一层拆除完成后，用钢板搭设斜道，供设备通行至下一层楼板。但应当注意的是，预制楼板的强度有限，为保证拆除过程中不发生楼板坍塌事故，一般应选用小型的液压锤进行作业；在拆除现浇板时，也应尽量选用质量和型号较小的设备。此外，屋顶和地板也属于楼板，在对屋顶进行拆除前，可先人工将防水层等拆除作为回收利用材料；拆除地板前也可用人工风镐等设备将地板上的瓷砖等材料进行回收，而后再用液压锤对结构进行拆除。

2）墙体拆除

拆除内墙时，通常有从上向下拆除、从两端向里拆除以及从中间向两端拆除三种方式。从上向下拆除时，从上端开始逐层向下拆除，但需要搭设架子以便于工人进行作业；从两端向里拆除时，可以从墙体两侧同时进行作业，可以加快拆除的效率；从中间向两端拆除时，先在墙体内面先打个大洞，再由此向四周扩散，这样最便于操作，且效果最好。若是砖砌体墙，则还可以沿着砖缝进行拆除，不过由于砌体截面太窄，会影响拆除效率。拆除外墙时，须注意墙的倒向和渣土落下的方向。对于低层建筑，在墙体向内或向外倾倒都可以的情况下，尽量向外倾倒，以减少留在建筑物内的渣土；若不允许向外侧倾倒，则需在建筑物外侧加设保护网，同时使用机械往内侧拉倒墙体。

3）梁的拆除

由于梁的含筋率较高，不容易进行破碎，目前对于梁的拆除主要是以液压锤或液压剪的钳碎为主。在拆除时不能逐段直接破碎，而应先切断梁的一端，使其形成悬臂梁而掉下，之后再切断梁的另一端，待梁整体放下之后对其进行破碎。具体而言，在作业过程中一般使用人工风镐或者液压破碎锤破碎梁的一端，将四周的外皮打掉后，再用氧—乙炔或者液压破碎剪中的切筋钳来断筋，切断梁的第一端，形成悬臂状。之后，再用液压破碎锤对梁另一端与柱搭接部分的混凝土进行破碎，露出钢筋，使悬臂一端倒下，此时再用同样的方法切断另一端的钢筋，将整段梁放下。对于连系多根柱子及砌体的圈梁，可先将圈梁分段切开，然后与柱子及砌体整体倾倒，而不必单独进行拆除，地圈梁则用直接粉碎方法进行拆除即可；遇到主次梁相交的情况时，以柱子为中心，先打碎柱子上端的混凝土，再切断梁的另一端，将梁放下，如此重复，将柱子的梁全部放下；若遇到工业建筑中的大跨度和特大截面梁，机械设备的选择和作业的程序应当针对项目的具体情况进行专门设计。

4）柱的拆除

一般而言，柱子强度很高，含筋量大，不仅抗破碎能力强，而且根基牢固。此外，与梁的受力特点不同，柱子的抗拉主筋和受力方向均与柱体平行，若采用自上而下的方法对柱子进行破碎，则无法将其主筋切断，而且由于柱子的高度较高，工人的作业高度和难度也会相应增加，这都会降低拆除的效率，故不宜直接将其进行破碎，通常都采用放倒后再破碎的方法进行作业。对柱子进行定向倾倒时，在柱根部打楔形槽然后再用机械将其推倒。这种方法同样适用于墙包柱的情形，事先将墙体分为几段，对每段墙柱，在柱子及墙的倾倒方向根部打楔形槽，而后用小型挖掘机将墙柱整体推倒即可。此外，对于外墙的柱子，也可直接用液压破碎锤将其打碎进行拆除。

建筑废弃物产生后在施工现场要进行收集、分拣、分类、预处理等作业活动和管理措施。一般而言，拆除建筑废弃物主要包含混凝土、砖、砌块、金属、砂浆、木材、玻璃和塑料等，由于种类和成分复杂，项目管理者都会按照废弃物材料的类型对其进行分类和分拣，这一方面是为了提高管理的效率，另一方面是为了便于将其中的金属、木材、玻璃和塑料等材料进行尽可能地回收并统一出售以获取最大的经济回报。而对于无法直接出售但具有再利用和回收利用价值的废弃物材料如混凝土和砖块等，为便于运输或者现场回填，往往需要在拆除现场对其进行适当的预处理措施，如破碎等。

7.3.2 运输阶段

运输阶段是指将建筑废弃物从施工现场运至填埋场、循环利用厂或其他运输终点的过程。运输阶段包括楼层运出垃圾（垂直运输）和建筑垃圾外运（水平运输）两大类，其中垂直运输主要依靠单笼施工电梯，水平运输主要依靠自卸汽车。

在项目实践中，项目负责人可以委托专业的建筑废弃物运输公司进行运输，也可以选择由拆除企业自行负责运输。为了避免在运输过程中产生的扬尘等对运输路线周边环境造成影响，通常会采用洒水的方式来进行缓解，或者选用密闭式的建筑废弃物运输车辆来进行运输。一般而言，废弃物的运输多为公路运输，运输过程中对环境的污染程度取决于运输距离、消耗的能源类型（如汽油、柴油等）和运输工具在单位运输距离内的能源消耗量。运输工具所需能源类型和单位运输距离内的能源消耗量可从运输工具的参数说明中取得，而所需要的机械台班数据可从项目的清单数据中取得。故此阶段环境污染评估的关键是确定拆除现场至填埋场或循环利用厂的总运输距离。

7.3.3 处置消纳阶段

对于建筑垃圾的主要处理原则应该是既要减少资源的消耗，又要防止其破坏环境，这两点处理原则同时也是建筑可持续发展的核心理念。施工和拆除（C&D）工程产生的废弃物大致可以分为四种解决方案，即建筑垃圾的减量化、再利用、回收利用以及填埋（Reduce，Reuse，Recycle，and Disposal），上述四种方案对环境的危害是依次增大的（图7-6）。施工阶段要对建筑垃圾进行减量化处理，一方面可以减少建筑垃圾的排放数量，另一方面还可以减少建筑垃圾的运输费用、处置费用以及回收费用。建筑垃圾减量化策略被认为是减少建筑垃圾排放量的最为有效的方式，同时还减少了很多垃圾处置和环境问题。建筑拆除阶段的垃圾管理策略分为再利用、回收利用和填埋。

（1）再利用

对建筑垃圾的再利用意味着同一种材料在建造过程中能够多次使用，这种使用方式既可以是使用功能的重复使用（例如建造过程中模板的重复使用），也可以是作为实现建造过程中其他功能的原材料来重复使用（例如将混凝土和砖头处理为碎块用于道路基础铺设中）。有效的再利用保留了材料或物品的现有结构，不需要额

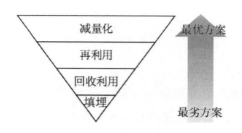

图7-6　废弃物管理层级图

外的时间或能源。由于对建筑垃圾的再利用只需要很小的加工处理，并且消耗的能源也很少，因此对建筑垃圾的再利用被认为是仅次于减量化处理的建筑垃圾管理策略。

如果设计得当，在建筑物使用寿命结束时，建筑构件可以再利用，用于与原始构件相同或类似的功能。由于建筑材料的成本持续上升，再利用构件在拆卸时比最初制造更有价值。再利用的例子包括从拆除/重建工程中提取的构件立即再利用，或将拆除的构件用于另一个工地未来或正在进行的工程。

（2）回收利用

回收利用涉及以某种方式改变材料来生产另一种材料。与重复使用相比，它引入了额外的处理阶段。因此对环境的破坏更大。当对产生的建筑垃圾无法进行重复利用时，应该考虑建筑垃圾的回收利用策略，建筑垃圾通过回收利用可以制作为其他的新型材料。

Kartam et al. 和 Tam 在研究中指出建筑垃圾的回收利用可以带来如下一些好处：①减少对非再生资源的需求数量；②减少建筑材料在运输和生产过程中的能源消耗；③对建筑垃圾进行回收利用，减少了对垃圾消纳场地的需求；④节约土地资源，为城市的未来发展创造有利条件；⑤改善生态环境的质量。

（3）填埋

这是处理建筑废弃物的最后选择。当产生的建筑垃圾无法被重新利用或者回收利用时，就会被运送至垃圾消纳场堆放或者填埋。若采用这种处理方式，需注意减少建筑垃圾对周围环境的污染破坏。

填埋及海洋处置的C&D废物对环境构成严重威胁。近年来，许多研究都强调了C&D废弃物对环境和社会经济的巨大影响。大型城市已经饱受土地空间短缺之苦，此外，堆填区的比率亦不断上升，预计在可预见的未来，堆填区的比率会维持不变。除了土地的可用性和垃圾填埋价格的上升，C&D废物管理的主要动机是环境保护，资源节约和人类的可持续发展。

根据以往的研究，我国建筑垃圾回收利用率不足5%，95%的建筑废弃物均是在没有经过任何处理的情况下直接采用露天堆放或填埋的方式进行处理，每堆积或掩埋1000kg建筑垃圾约需占用0.067m²土地。

构建建筑拆除垃圾生命周期闭环物流系统，有机整合正向物流的材料供应物流以及逆向物流的建筑垃圾回收物流，确定拆除建筑废弃物生命周期管理的计算原理和计算边界，划分建筑拆除废弃物生命周期各阶段，包括建筑拆除垃圾收集、运输、中转、分拣、消纳、循环利用等处置环节，如图7-7所示。该图显示了DW处置逆向物流，并将其与物料生产的正向物流进行了比较。还详细说明了DW报废处置的环境污染排放量，从中可以看出其中包含多个DW处置中心。首先，分类中心将DW分为可回收和不可回收的元素，然后将可回收的DW发送到第二材料处置地点进行粗略的分类，然后将其发送到回收工厂进行重新制造和重复使用；不可回收的DW直接发送到垃圾填埋场。因此，DW处置产生的主要环境污染是在运输阶段，处理中心以及垃圾填埋厂。

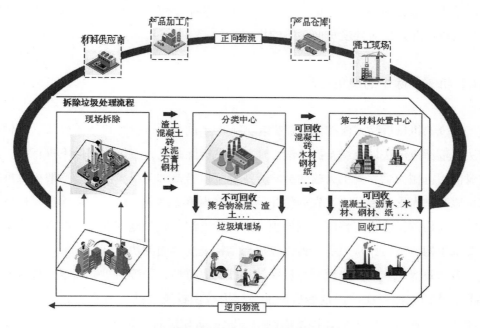

图7-7　建筑拆除垃圾生命周期闭环物流系统

绿色拆除与传统拆除的联系

7.4.1 人工拆除中的绿色理念

人工拆除是最普遍的基础施工方法，采用手动工具或小体积的手工工具进行拆除施工。一般对常规建筑进行拆除所采取的做法是：按照先内后外、先上后下的原则进行施工，同时兼顾拆除作业形成流水施工，做到分层分类地拆除。涉及对结构改造要做到先补强后拆除、先支护后拆除、先填充墙和梁板后承重柱（墙）的施工顺序。

人工拆除常用于低矮建筑物或构筑物的拆除，也用于机械拆除和爆破拆除的预处理或辅助工作。对人工拆除的绿色技术要求主要体现在实现建筑行业节能、节地、节水、节材和环境保护的"四节一环保"目标过程中，能够最大限度地辅助发挥节约资源并减少对环境负面影响的作用。

7.4.2 机械拆除中的绿色理念

传统的机械拆除方法按照机械操作方式的不同，可以分为机械破碎法、机械吊拆法、重锤撞击法以及综合拆除法。通常机械拆除是在人工拆除辅助下进行的，因此以使用机械为主、人工为辅的拆除方法都可以直接称为机械拆除。一般机械拆除基本原则是先支撑后拆除，先拆除非承重构件再拆除承重构件，先拆除次要构件再拆除主要构件，但也有特例，例如预应力拆除方法，就是施加外荷载的方式使结构主要承重构件破损，从而引发整体或局部结构发生定向的快速倒塌。

为有效提高施工安全性，尽量保持构件的完整性，张静涛等介绍了一种机械拆除框架柱的方法：在使用挖掘机施加液压力放倒框架柱前，用液压剪剔除倾倒方向和两侧的混凝土保护层，再使用割炬切断主筋和箍筋，如图7-8所示。这也是一种采取机械拆除方法的绿色施工延伸范畴，可将混凝土框架柱有计划性、有步骤地拆除，在规定的理想区域内降低对结构的破坏，便于分类再处理的资源化利用。

作为一个典型的参考对象，在机械拆除配合方案中使用频率较高的是对各种千斤顶系统设备的灵活应用，目前市场上PLC多点同步控制千斤顶系统通过传感器和电磁阀的换向，基本已无须人工进行现场数据跟踪，即可将误差范围减小，特别

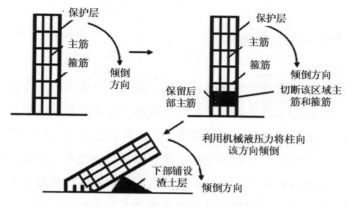

图7-8 一种框架柱的机械拆除方法

是被应用在混凝土结构的托换工程。这种"互联网＋平移顶升远程监控平台"通过千斤顶控制台及倾斜传感器，读取内部沉降数值、应变数值、倾斜数值等，从而实时掌握混凝土结构的平移距离、平移速度、压力、位移等情况，使建筑物能够在连续受力情况下交替顶升，保持稳定状态，不发生偏斜，并具有实时报警系统以确保安全性。这种机械拆除配合方案在减少人力资源投入的同时，尽可能实现原有结构的完整性，使其对环境影响最小。

随技术进步，传统机械拆除中已越来越多地采用多种拆除配合方案（表7-1），达到绿色拆除的目的。

拆除技术的绿色化改进 表7-1

项目实例	拆除设备	拆除方案	绿色改进
厦门市仙岳路立交桥改造工程	千斤顶、绳锯	墩承台扩大处理→墩台立柱的中间部分切割→立柱切割拆除	对桥面梁端设置钢支撑体系，千斤顶交替顶升
天津市高层写字楼外立面改造工程	墙锯、水钻	脚手架搭设→对板梁底部的有效支撑→切割→对斜坡外墙和外挑阳台切割	支顶卸荷后切割成条块，对结构件分离、破碎以及清运
嘉盛大厦商住楼原地下室拆除工程	挖掘机、切割机	定位放线→洞口切割→部分梁板拆除→地下室底部局部拆除	对地下室局部采取爆破，有效地为后期扩建打好基础
上海市某商圈深基坑支撑拆除工程	镐头机、绳锯	第3道支撑破碎拆除→第2道支撑爆破拆除→第1道支撑绳锯切割、破碎拆除	在商圈敏感地段，对深基坑支撑采取爆破及破碎拆除，降低对周围环境影响
深圳市某商品住宅建筑拆除工程	挖掘机、破碎机	装饰部分→砖砌体结构→楼板→梁→框架柱→剪力墙	地上部分拆除，通过破碎机对建筑固废妥善处理

注：改造工程项目仅指其中的拆除部分。

7.4.3 爆破拆除中的绿色理念

爆破拆除基本技术原理是爆破破碎一部分混凝土承重构件，使整体结构失稳后在自重产生的力矩作用下发生倾倒，触地后解体。传统的爆破拆除分为控制爆破和静态爆破。静态爆破是指将静态爆破膨胀剂装入待拆除结构或构件孔洞，触发水化反应，体积膨胀而产生膨胀力使得混凝土或岩体开裂的技术。目前静态爆破因为产生的破坏力较小且操作程序繁琐、破碎剂污染、成本不易控制等缺陷，已很少被应用于混凝土结构的拆除。控制爆破是指以炸药或雷管为媒介，根据爆破控制要求在结构特定位置设置引爆点，形成爆点网络，最后通过控制各点起爆顺序而拆除建筑物的一种常见方法。

近年来，为了克服钻孔难度、爆破成本优势不明显和进一步减少对环境影响，在毫秒延期雷管和普遍精确爆破网络的基础上，已有专家学者在炮孔的形成、装药结构和精确装药技术等方面，开发了轴向预埋管作为炮孔实现免钻孔，发明了新型装药长袋和堵孔材料实现精确爆破，提出了水耦合装药结构实现低环境影响等一系列混凝土结构的绿色爆破技术，充分破碎了混凝土，减轻了对钢筋的损伤，基本可实现降低环境影响，达到安全、低碳、低能耗的目的，如表7-2所示。

绿色爆破拆除与传统爆破拆除对环境影响的比较　　　　表7-2

环境影响	传统爆破拆除	绿色爆破拆除
噪声	以中低频率为主大多集中在2～5Hz（处于人特别敏感的频率范围），持续时间大约10s，可控性低	通过装药结构和精确装药技术控制炸药单耗，有明确目的性达到爆破目的
扬尘	传统爆破后短时间内粉尘颗粒浓度达到峰值（可达原先环境浓度的20倍~30倍），扬尘污染持续时间大约30min	绿色爆破可以通过水袋压渣和覆盖防尘网等措施有效抑制扬尘
有害气体	传统爆破产生的CO气体危害人体健康，产生的氮氧化合物易引起光污染和导致酸雨形成	业界对于爆破拆除产生的有害气体方面的研究表明，通常1m³混凝土结构用药量为300g，在可控范围内，且可通过炸药的氧平衡减少有害气体产生
地震效应	传统爆破产生复杂的随机复合波，相比天然地震、爆破地震具有加速度大、频率高、衰减速度快、持续时间短的特点	绿色爆破通过轴向预埋、切割箍筋等技术手段，把炸药单耗在常规爆破拆除的基础上至少降低了70%，可基本保证安全并降低地震危害

7.4.4 处置消纳中的绿色理念

建筑垃圾处置消纳的工艺一般可划分为破碎、筛分及分选除杂等环节。破碎是建筑垃圾处置消纳技术的核心内容。这个工艺过程能够影响设备的生产能力及能源消耗，还能影响建筑垃圾再生骨料产品的粒形、粒度分布、粉料率等性能，并最终影响生产线的经济效益。建筑固废垃圾的物料，硬度上看强度中等偏软，表面裂缝较多，一般有挤压式破碎（包括颚式破碎和圆锥破碎）和冲击式破碎（常见的有反击式破碎、立式冲击破碎和锤式破碎）两种处理方法。

筛分也是建筑垃圾处置消纳的重要环节。包括建筑垃圾中渣土等杂物的筛分分离和破碎后再生骨料分级筛分。常用设备包括振动筛、滚筒筛、棒条筛等。

分选除杂包括人工和机械分选两种。机械分选主要包括风选、磁选、水力浮选等，是根据建筑垃圾中杂物在尺寸、磁性、比重等物理特性的不同进行高效分离的。人工分选主要针对金属、玻璃、陶瓷、旧衣物等杂物。在预处理过程中，因建筑固废垃圾中所含杂质种类繁多，除杂过程往往是多种分选方法并用，如浮选应与人工拣选、风选、磁选等除杂工艺相配合的除杂方式。

7.5 绿色拆除技术

7.5.1 基于BIM的绿色拆除技术

这部分研究结合近年来提出的工程项目集成管理模式，将信息集成理念和信息管理技术相结合，从项目各方角度出发，运用BIM技术对拆除工程全过程进行系统和信息化的管理，增强各方之间的沟通，全面优化项目的质量、成本和进度管理，实现拆除工程项目管理价值的最大化。

借助于BIM技术的发展，使拆除工程项目集成化管理在理论和技术上得到了有力的支持。运用BIM技术促进工程项目管理向高效的集成化方向发展有两个方向。

（1）根据BIM模型信息的参数化特点，可以对拆除项目全过程所有信息进行创建、共享及更新，不断完善和集成。

由于BIM模型能够集成大量的建筑构件信息，因此在建筑拆除中，BIM技术中提供的及时更新的信息数据不仅能为业主减少错误，而且还能降低业主的财务风险，为业主带来巨大的收益，例如在制定建筑物拆除计划、拆除成本计算、建筑碎石管理、优化建筑拆除计划以及数据管理等方面，都可以进行BIM技术的相关运用并带来巨大的效益。BIM技术在建筑拆除领域的运用研究还比较少，香港大学Jack C.P. Cheng 和 Lauren Y.H. Ma 在其研究中建立了一种基于BIM技术的建筑垃圾排放量计算系统，该研究中提出了利用BIM建筑信息模型进行建筑计量的理念。

（2）BIM的协同环境可以改变现有各方之间的信息沟通和组织合作的方式，促使拆除项目各方之间加强信息的沟通和共享，实现组织之间的无缝协同。

基于BIM技术，搭建信息平台，进行参与方之间的信息数据共享和传输，实现项目全过程的信息化管理。项目的信息主要包括施工质量、工作周期、项目费用、安全管理等四个方面，然后对其进行信息化管理。信息化管理的基础是信息数据的集成，由于信息数据是互相影响的，一个微小的数据错误，对于项目职能化管理都会引起巨大不良影响。所以信息化管理的成功在于输入数据的准确性和全面性。将上述四个方面的信息数据转化为同一形式的参数，准确地输入BIM的三维信息模型，以此模型为平台，对项目的信息进行共享和传输。信息的输入输出以及读取可以基于虚拟网络平台，对项目的信息可以进行实时地更新和检查。随着BIM+5D技术和理论的提出，为构建项目信息共享平台提供了技术的支持。通过自动识别技术和物联网技术以及BIM+5D信息模型，对现场的质量和进度、安全进行智能化管理。

针对传统拆除工程项目管理模式中阶段独立分散、管理内容分割、各方之间信息协同和共享性差等问题，利用BIM技术优势，通过对拆除工程项目要素、各方、信息的集成管理研究，建立基于BIM技术的工程项目信息化管理，并进一步构建基于BIM技术的工程项目集成管理框架模型，促进我国拆除项目现代化管理的发展。

7.5.2 智能拆除技术

智能拆除是指通过应用信息技术、机器人技术对建筑材料、构件及结构进行解构或破碎的拆除方法。智能拆除技术在发达国家发展较为深入，Brokk系列拆除机器人可以适应沙土、泥泞、废墟等多种施工地面，并且使用低排放柴油驱动和减噪系统以减少环境负担。

瑞典Ume设计院学生在概念层面上设计了一种名为ERO的拆除机器人，如图7-9所示，其工作原理：在目标大楼内部署若干个ERO机器人，机器人扫描周边环境后，确定拆除方案。然后利用高压水枪侵蚀混凝土表面，使其产生裂缝随之瓦解，混凝土中的砂石与钢筋混凝土从而被分离，吸纳砂石、水泥、水和混凝土等混合物，并将其运输至包装单元。将混凝土进行打包，回收重复利用。所有工作都在现场完成，无需异地处理，工作结束后，现场只会留钢筋骨架，便于回收。该机器人在有辐射或有毒等无法人工作业的特定工作环境里有着特殊应用前景。

图7-9　拆除机器人现场施工作业图

相对于传统拆除方法的成熟发展，智能拆除技术还处于研究发展阶段，距离非特定环境的广泛智能拆除应用还需要很长时间，现阶段智能拆除带来的更多是一种理念。目前拆除机器人已被尝试应用在核工业、抢险救灾等特定高危拆除场合中。相信随着第四次工业革命概念兴起，传统拆除装备在物联信息系统的推动下有望尽早完成智能化升级改造，为建筑绿色拆除提供更多环保的实现方法。

7.5.3 建筑垃圾预处理技术

（1）砖混分离技术。

当前，我国建筑垃圾资源化处理缺少在源头分类，必然在处理厂处理过程中涉及"二次分类"问题。在现有资源化处理工艺的链条上，添加"砖混分离"的处理工艺是对建筑垃圾预处理工艺路线的优化和提升。"砖混分离"的核心是"形状分离"，结合"水力淘汰"的水力浮选技术，经过分离分类处理的骨料能够高附加值利用再生建材产品的应用，提高建筑垃圾资源化产品的经济效益。

（2）骨料整形强化技术及装备。

一般来说，经过资源化处理的再生骨料具有针片状颗粒较多、表面粗糙且包裹水泥砂浆以及表面存在大量微裂缝等性状，其综合性能明显劣于天然骨料。因此，对破碎后的骨料颗粒进一步整形强化处理，使其综合性能达到甚至高于天然骨料是未来预处理技术的重要课题。再生骨料整形强化有化学方法和物理方法。常规的化学强化处理方法是利用酸液实现骨料强化，但是处理工艺成本高，且存在二次污染风险，目前不具备工业化应用条件。机械方法就是使用机械加工设备，通过骨料之间的相互撞击、磨削等机械作用除去表面黏附的水泥砂浆和颗粒棱角。这种处理方法在国外被广泛采用，主要有卧式回转研磨法、立式冲击整形法、加热研磨法等。

（3）人工智能分选技术。

选用视觉系统，依靠机器人来分选建筑垃圾。智能机器人采取色彩分选法，通过颜色来甄别砖和混凝土等建筑垃圾。建筑垃圾中许多的轻质物，如塑料垃圾袋、电线皮、木屑及装修装潢的石膏板、涂料等，可以用色彩分选法将它们从建筑垃圾中挑选出来。例如，日本东京近郊一家废弃物处理厂Shitara Kousan引入了4个形似人手臂的智能机器人，机器人通过传感器对传送带上的垃圾进行扫描检测，能同步识别出不同材质的垃圾，主要用来把混在建筑垃圾里的混凝土、金属、木材、塑料等可以循环再利用的垃圾挑选出来。芬兰ZenRobotics公司与我国江苏绿和环境科技有限公司就中国首个建筑混合（装修）垃圾无害化处理项目开展合作，试验阶段其有效分拣率可达98%。

课后习题

1. 什么是绿色拆除？
2. 绿色拆除从范围上来说包括什么？
3. 绿色拆除目前存在的问题有什么？
4. 绿色拆除包括哪三个阶段。

参考文献

[1] 张宸浩.拆除工程管理知识体系构建及技术方法研究[D].绍兴文理学院，2017.

[2] 罗春燕.基于BIM的拟拆除建筑垃圾决策管理系统研究[D].重庆大学，2015.

[3] 王康鹏，王宇静.浅谈工程建筑的绿色拆除[J].绿色科技，2012（11）：109-111.

[4] 肖建庄，陈立浩，叶建军，蓝戊己，曾亮.混凝土结构拆除技术与绿色化发展[J].建筑科学与工程学报，2019，36（5）：1-10.

[5] 欧阳磊.基于碳排放视角的拆除建筑废弃物管理过程研究[D].深圳大学，2016.

[6] 王信鸽，何廷树，张凯峰，等.建筑垃圾资源化利用技术研究现状[J].综述评论，2018（10）：34-36，41.

关于印发绿色建造师专业技术水平考试管理办法（试行）的通知

各会员及有关单位：

　　为贯彻党中央、国务院关于低碳环保绿色发展战略部署，落实《国务院办公厅关于促进建筑业持续健康发展的意见》（国办发〔2017〕19号）、《国务院办公厅转发住房城乡建设部关于完善质量保障体系提升建筑工程品质指导意见的通知》（国办函〔2019〕92号）、《住房和城乡建设部办公厅关于印发绿色建造技术导则（试行）的通知》要求，推动建筑业转型升级和城乡建设绿色发展，逐步实现绿色生产生活环境。依据北京绿色建筑产业联盟《章程》和业务范围，制定《绿色建造师专业技术水平考试管理办法》，予以印发。

北京绿色建筑产业联盟

二〇二二年六月二十日

全文如下：

绿色建造师专业技术水平考试管理办法（试行）

第一章　总　则

　　第一条　为规范绿色建造师专业技术水平考试（以下简称"专业技术水平考试"）管理，根据中共中央办公厅国务院办公厅印发《关于分类推进人才评价机制改革的指导意见》等相关规定，制定本办法。

　　第二条　北京绿色建筑产业联盟（以下简称"绿盟"）是绿色建造专业技术水平考试的组织机构，负责组织考试工作。

　　第三条　北京绿色建筑产业联盟的考试工作接受政府有关职能部门的监督检查。

第二章　组织机构职责

第四条　绿盟统一组织考试工作，履行以下职责：

（一）制定考试规则

（二）确定考试科目，制定考试大纲；

（三）组织编写、出版、发行考试统编教材；

（四）编制考试预决算；

（五）确定考试方式、考试时间和考试频次，发布考试计划和公告；

（六）组织命题工作；

（七）组织考务工作；

（八）公布考试成绩；

（九）对考试违纪情况进行处理；

（十）建立考试信息系统；

（十一）受理考试相关事项的咨询；

（十二）与考试有关的其他职责。

第五条　绿盟制定的考试大纲、题库经命题委员会专家组评审后实施。

第三章　考试与报名

第六条　绿色建造师分为一级、二级，报名参加绿色建造师专业技术水平考试的人员（以下简称"报考人员"），应当符合下列条件：

（一）具有完全民事行为能力；

（二）考试报名截止之日，年满20周岁的在校大学生，可报考二级绿色建造师。年满26周岁的行业从业人员，可报考一级绿色建造师；

（三）具有建设工程相关专业大专及以上文化程度；

（四）绿盟规定的其他条件。

第七条　有下列情形之一的人员，不能报名参加考试；已经办理报名手续参加考试的，报名及考试成绩无效：

（一）不符合第六条规定的；

（二）以前年度参加从绿色建造师考试时，作弊或扰乱考场秩序受到禁考处分，禁考期限未满的。

第八条　绿色建造师专业技术水平考试科目由科目一和科目二组成。科目一：绿色建造技术概论；科目二：绿色建造管理与实务。

第九条　考试实行百分制，60分为成绩合格分数线。每科考试成绩合格的，报考人员取得该科成绩合格证明。科目一和科目二考试成绩合格后，可以申请绿色建造师专业技术证书，在绿盟考试网www.bjgba.com查询证书实效性；获得证书的人员每两年需要补齐不低于30学时的继续教育证明。

第十条 绿盟建立考试信息系统，记录参加考试人员个人基本信息，包括考试科目、考试时间、考试过程、考试成绩、考试现场采集照片、违纪违规信息等。

考试合格人员由绿盟在www.bjgba.com网上统一向社会公布。

第四章 命题管理

第十一条 考试命题按照考试大纲的要求，遵循标准化、规范化、专业化的原则，保障专业技术水平考试的公信力。

第十二条 考试命题工作采用专家命题与社会征题相结合的方式。绿盟聘任专家组成命题委员会，负责组织专家命题。

第十三条 命题委员会由行业企事业单位、咨询机构、大专院校、社会团体以及社会研究机构等有关专家组成，负责确定试题题库的架构设计，命题工作规范与工作流程。

第十四条 命题委员会专家对入库前收集的考试题目采用集中审题方式，进行三轮审核，组建考试题库。题库管理人员要不断对题库进行动态维护和更新，持续完善题库建设，优化题库试题结构与内容，确保考试试题的安全性和时效性，以适应行业最新发展需求。

第十五条 命题委员会综合考虑考试大纲、难度系数、知识点分布等要素，从题库随机抽取试题，组成考试试卷，同时生成试卷答案和评分标准。在组成试卷后，命题委员会审题专家依据设定的组卷模板对试卷进行整体审核。考试试卷以电子数据的形式保存，考试试卷的保存和传输应当遵守国家和绿盟有关保密规定。

第十六条 命题人员应与绿盟签署保密承诺书，严格遵守国家及绿盟有关保密规定。

第十七条 命题人员有违反绿盟考试保密相关规定的，绿盟予以解聘；情节严重的，可依照有关规定做出处分或者移交相关部门追究其责任。

第五章 考试实施

第十八条 绿盟组织实施考务工作。考务工作是指绿色建造师专业技术水平考试的考试报名、考区考点设置、考场安排、考场监督、试卷评阅、考试成绩和考务信息管理等。

第十九条　绿盟根据需要可委托社会专业考试服务机构和地方行业协会协助承担部分考务工作，并与其签署协议，规定所承担考务工作的标准和要求，明确双方的权利和义务，并严格按照实施方案组织考试。

第二十条　绿盟按照国家有关规定制定考场规则。考试考场的设置应符合计算机考试方式的标准与要求。

第二十一条　主考、监考、巡考等人员要认真履行职责，监督报考者遵守考场规则。

第二十二条　报考人员应当符合本办法第六条规定的条件，在联盟www.bjgba.com网上按要求填写报名表，交纳报名费；或者在所在就近区域的考试服务机构按要求填写报名表，交纳报名费。报考人员应当保证其提供的信息真实、准确和完整。

第二十三条　报考人员在规定的考试时间，携带有效身份证件、准考证等到指定考场参加考试（准考证在绿盟www.bjgba.com网上下载打印）。有效身份证件包括居民身份证、护照等合法有效身份证明文件。

第二十四条　遇有严重影响考试秩序的事件，考试服务机构应立即采取有效措施控制局面，并迅速报告绿盟。因系统有误或自然灾害等原因致使考试时间拖延或者需要重新考试的，考试服务机构报绿盟批准后，可进行顺延或者组织重新考试。

第二十五条　考试成绩由绿盟在考试结束之日起10个工作日内公布，参加考试人员可以通过绿盟www.bjgba.com网上或指定的其他方式查询考试成绩。

第二十六条　参加考试人员对考试成绩有异议的，应当在成绩公布之日起10个工作日内向绿盟提出书面异议。绿盟自受理之日起10个工作日内予以处理。

第六章　考试纪律

第二十七条　报考人员不符合报名条件，弄虚作假参加考试的，绿盟一年内不受理其专业技术水平考试报名申请；已经参加考试的，取消其考试成绩。

第二十八条　报考人员有以下情形之一，经监考人员提醒后不改正的，该科考试成绩按无效处理：

（一）携带规定以外的物品进入考场或者未放在指定位置的；

（二）在考场或者其他禁止的范围内，喧哗、吸烟或者实施其他影响考场秩序行为的；

（三）在考试期间旁窥、交头接耳或者互打手势的；

（四）未经考场工作人员同意在考试过程中擅自离开考场的；

（五）将草稿纸等考试用纸带离考场的；

（六）其他一般违纪违规行为。

第二十九条　报考人员有以下情形之一的，该科考试成绩按无效处理，并在一年内不得报名参加考试：

（一）使用或提供伪造、涂改身份证件的；

（二）帮助他人作答，纵容他人抄袭的；

（三）抄袭或协助他人抄袭与考试内容相关材料的；

（四）使用或试图使用通讯、存储、摄录等电子设备的；

（五）恶意操作导致考试无法正常运行的；

（六）其他严重违纪违规行为。

第三十条　报考人员有下列情形之一的，该科考试成绩按无效处理，绿盟酌情给予其三年不得报名参加考试的处罚；

（一）教唆或组织团伙作弊的；

（二）由他人冒名代替参加考试或者冒名代替他人参加考试的；

（三）蓄意报复考试工作人员；

（四）其他情节特别严重、影响特别恶劣的违纪违规行为。其行为如果违反《中华人民共和国治安管理处罚法》的，由公安机关进行处理；构成犯罪的，由司法机关依法处理追究刑事责任。

第三十一条　绿盟对报考人员做出处分决定的，应告知其所受的处分结果、所依据的事实和相关规定。报考人员对其所受的处分有异议的，可以自受到处分之日起15个工作日内向绿盟提出异议，绿盟在受理之日起15个工作日内予以处理。

第三十二条　获得绿色建造师专业技术证书的人员存在第三十条情形的，绿盟可依暂停、撤销其绿色建造师专业技术证书效力。

第三十三条　绿盟工作人员及其他考务人员在考试工作中玩忽职守、徇私舞弊的，视情节轻重按照有关规定进行处理。

第三十四条　试题、答案及评分标准在启用前均属于保密文件，任何人不得以任何方式泄露或者盗取。考试工作中发生泄密事件的，由绿盟组织查处，对涉嫌违反保密规定的，由绿盟会同政府有关部门组织查处。

第七章　附　则

第三十五条　绿色建造师专业技术水平考试依据理事会批准的标准收取考试报名费，并按规定的用途使用，接受审计监督。

第三十六条　若政府主管部门或绿盟对考试有特别规定的，从其规定。

第三十七条　港、澳、台地区居民以及外国籍公民符合条件参加考试的，参照本办法执行。

第三十八条　本办法由绿盟负责解释，自颁布之日起实施。

北京绿色建筑产业联盟

二〇二二年六月十日